基于工作过程导向的项目化创新系列教材
高等职业教育机电类“十四五”规划教材

机械设计基础课程设计指导

Jixie Sheji Jichu Kecheng Sheji Zhidao

主编 ▲ 成玲　耿海珍　郑淑玲

華中科技大學出版社
http://press.hust.edu.cn
中国 · 武汉

内 容 简 介

本书分两大部分：第一部分为机械设计课程设计指导，以常见的基本类型的减速器——单级圆柱齿轮减速器为例，系统地介绍了机械传动装置的设计内容、设计步骤、设计方法及注意问题；第二部分为课程设计常用标准和规范，采用最新国标，提供了课程设计常用资料。

图书在版编目(CIP)数据

机械设计基础课程设计指导/成玲，耿海珍，郑淑玲主编．—武汉：华中科技大学出版社，2017.6(2023.2重印)
ISBN 978-7-5680-2915-5

Ⅰ.①机…　Ⅱ.①成…　②耿…　③郑…　Ⅲ.①机械设计-课程设计-高等职业教育-教学参考资料
Ⅳ.①TH122-41

中国版本图书馆CIP数据核字(2017)第126968号

机械设计基础课程设计指导
Jixie Sheji Jichu Kecheng Sheji Zhidao

成　玲　耿海珍　郑淑玲　主编

策划编辑：张　毅
责任编辑：段亚萍
封面设计：孢　子
责任监印：朱　玢
出版发行：华中科技大学出版社(中国·武汉)　　电话：(027)81321913
武汉市东湖新技术开发区华工科技园　　邮编：430223
录　　排：武汉市洪山区佳年华文印部
印　　刷：武汉市籍缘印刷厂
开　　本：787mm×1092mm　1/16
印　　张：8
字　　数：212千字
版　　次：2023年2月第1版第2次印刷
定　　价：29.80元

前言 QIANYAN

“机械设计基础课程设计”是“机械设计基础”课程重要的一个实践教学环节，只有通过课程设计的实践训练，才能使学生在机械设计方面的基本能力和分析实际问题的能力得到锻炼和提高，从而真正达到教学要求。

本书是为学生进行机械设计基础课程设计实践训练而编写的配套教材，本着“突出重点，强调实用”的原则，避免与教材内容重复。本书根据教育部《高职高专教育机械设计基础课程教学基本要求》，按照高职高专机械类专业对机械设计基础课程设计的具体要求，结合编者多年的教改经验，参考了设计指导书、图册、手册等内容编写而成。

为方便教学使用，本书提供与教材配套的单级齿轮设计减速器的装配图和零件图的AutoCAD图纸文件。

本书可作为高等职业院校、高等专科院校、中等职业院校机械类、近机类各专业学生学习机械设计、机械设计基础课程和进行课程设计的教材和教学参考书，也可供相关工程技术人员使用。

本书由江门职业技术学院成玲、耿海珍和郑淑玲主编。

由于编者水平有限和编写时间仓促，误漏欠妥之处在所难免，恳请广大师生、读者给予批评指正。

编　者

目录 MULU

第1章 课程设计概述

1.1 课程设计的目的

课程设计是机械设计基础课程最重要的一个教学环节,同时也是继学习基础课程后对学生进行的一次全面的机械设计综合训练,其主要目的如下。

(1) 通过课程设计使学生能综合运用机械设计基础和其他有关先修课程的知识,去分析和解决机械设计过程中的问题,并对所学知识进一步巩固和深化。

(2) 通过课程设计的实践,培养学生分析和解决实际工程问题的能力,使学生掌握通用机械零部件、机械传动装置及简单机械的一般设计过程和步骤,为日后学习专业技术知识奠定基础。

(3) 通过计算和绘图,使学生学会运用标准、规范、手册、图册和查阅有关技术资料等,掌握经验估算等机械设计的基本技能,巩固和提升制图技能。

1.2 课程设计的内容

课程设计的内容基本上涵盖了本课程学过的通用机械零件及常用传动机构,一般选择简单的机械传动装置作为设计的题目。在此选择单级齿轮减速器设计为主线,设计包括齿轮、轴、轴承、键、联轴器及箱体结构等零件,使学生得到全面的基本训练。其具体内容如下。

(1) 确定传动方案;

(2) 选择电动机,计算传动装置的运动和动力参数;

(3) 传动零件的设计计算;

(4) 轴的设计计算及键的选择、校核;

(5) 滚动轴承的选择及验算;

(6) 联轴器的选择;

(7) 减速器箱体及附件的设计;

(8) 润滑和密封的设计;

(9) 绘制减速器装配图(A0 或 A1)及 2～3 张零件图(齿轮及轴);

(10) 完成设计说明书。

1.3 课程设计的一般步骤

机械设计基础课程设计一般是从传动方案的分析开始,通过设计计算和结构的设计,最后以图纸和设计说明书表达设计结果。

课程设计大致按如下步骤进行。

(1) 设计准备工作。

熟悉设计任务书，明确设计要求及内容；熟悉设计指导书、相关资料、样图等；通过观看录像视频、拆卸实物或模型等，了解减速器的结构特点、工艺等；拟订设计进度。

(2) 传动装置的总体设计。

确定传动方案；选择电动机；计算总传动比及分配各级传动比；计算各轴上的转速、功率和转矩；

(3) 传动件的设计计算。

设计计算带传动、齿轮传动、链传动等的主要参数和尺寸；计算分析传动件的受力情况。

(4) 减速器装配图的绘制。

绘制减速器装配草图；选择联轴器，进行轴的结构设计，并选择键、滚动轴承等轴系部件；校核轴和键的强度以及滚动轴承的寿命；绘制箱体结构及附件结构。

加深减速器装配图；选择配合，标注主要尺寸；编写零件序号、标题栏、明细栏；编写减速器特性及技术要求等。

(5) 零件工作图的绘制。

绘出零件(齿轮、轴)的必要视图；标注尺寸、公差及表面粗糙度；编写技术要求和标题栏等。

(6) 编写设计计算说明书。

编写设计计算说明书，包括所有的设计计算，并附有必要的简图说明；附上设计总结，一是总结设计的完成情况，二是总结个人对课程设计的主要体会和不足；最后是附上参考文献。

(7) 设计总结，准备答辩。

1.4 课程设计的有关注意事项

机械设计基础课程设计是学生第一次进行全面性设计的设计训练，学生往往茫然不知所措。指导教师应该对学生进行适当的指导，及时解答学生的困惑和疑难问题，对学生进行阶段性的检查。学生是设计的主导者，应该积极思考问题，查阅相关设计手册，按进度进行设计，充分发挥主观能动性。在设计中应注意以下问题：

1) 独立思考，继承与创新

任何设计都不可能是设计者独出心裁、凭空设想、不依靠任何资料所能实现的。设计时，要认真阅读参考资料，继承或借鉴前人的设计经验和成果，但不能盲目地全盘抄袭，应根据具体的设计条件和要求，独立思考，吸收新技术成果，大胆地进行改进和创新。这样既避免重复工作，又保障设计的质量。

2) 采用“三边”设计方法

设计过程是一个“边计算、边画图、边修改”的“三边”过程，应该经常性地自查和互查，发现问题及时纠正，这种设计方法是机械设计的常用方法。

3) 采用标准和规范

设计时应尽量采用标准和规范，有利于加强零件的互换性和工艺性，同时也可减少设计工作量，提高经济效益。故有国家标准的，如普通 V 带的基准直径、基准长度，齿轮的模数，轴承、键的尺寸等，都应该查相应的国家标准。

第2章 传动零件的设计计算

设计时，首先要计算各轴的运动和动力参数；其次，设计减速器的外部传动件如带传动、链传动等，计算减速器的内部传动件，如齿轮传动、蜗杆传动等；最后，根据传动零件选择支承零部件和连接零件，如滚动轴承、键等。这些都是为绘制减速器的装配图做准备。

各传动零件的设计计算方法，均按同步教材《机械设计基础项目化教程》所述方法进行，本书不再重复。下面仅就传动零件设计计算的要求和应注意的问题做简要说明。

2.1 减速器外部传动零件的设计

1. 带传动设计

带传动中最常用的是普通V带传动，V带已经标准化、系列化，设计的主要内容是确定V带的型号和根数，带轮的材料、尺寸等。大小带轮的基准直径和带的基准长度都应该符合标准系列。

在确定带轮轴孔直径时，应根据带轮的安装情况来考虑。当带轮直接装在电动机轴上时，应取带轮轴孔直径等于电动机轴的直径。设计时，应检查带轮尺寸与传动装置外廓尺寸的相互装配关系。例如：电动机轴上的小带轮半径是否小于电动机的中心高；小带轮轴孔直径、长度是否与电动机外伸轴径、长度相对应；大带轮直径是否与其他零件（如机座）相碰等。

计算V带对轴的作用力，将在分析轴的受力时使用。

2. 链传动设计

链传动中最常用的是滚子链，设计的主要内容是确定链的型号、节距、链节数和排数，链轮齿数、直径、轮毂宽度，中心距及作用在轴上之力的大小和方向等。

为了使磨损均匀，链轮齿数最好选为奇数或不能整除链节数的数。为了防止链条因磨损而易脱链，大链轮齿数不宜过多。为了使传动平稳，小链轮齿数也不宜太少。对于较高速的滚子链传动，应尽量选择较小的节距，当选用单排链不能满足传动要求时，应改选双列链或多列链，以尽量减小节距。

3. 开式齿轮传动设计

设计开式齿轮传动主要的内容是确定齿轮材料和热处理方式，齿轮的齿数、模数、几何尺寸及受力等。

由于齿面磨损是开式齿轮的主要失效形式，故通常设计时按齿根弯曲疲劳强度进行计算，确定齿轮的模数，考虑磨损的影响，再将模数加大10%～20%，并取标准值，然后计算其他几何尺寸，而无须校核齿面接触疲劳强度。

由于开式齿轮常用于低速传动，一般采用直齿。由于工作环境较差、灰尘较多、润滑不良，为了减轻磨损，选择齿轮材料时应注意材料的配对，使其具有减摩和耐磨性能。当大齿轮的齿顶圆直径大于 500 mm 时，应选用铸造毛坯，如铸钢或铸铁。

4. 联轴器的选择

选择联轴器包括选择联轴器的类型和型号。

联轴器的类型应根据传动装置的要求来选择。在选用电动机轴与减速器高速轴之间连接用的联轴器时，由于轴的转速较高，为减小启动载荷，缓和冲击，应选用具有较小转动惯量和具有弹性的联轴器，如弹性套柱销联轴器等。在选用减速器输出轴与工作机之间连接用的联轴器时，由于轴的转速较低，传递转矩较大，又因减速器与工作机常不在同一机座上，要求有较大的轴线偏移补偿，因此常选用承载能力较高的刚性可移式联轴器，如鼓形齿式联轴器等。若工作机有振动冲击，为了减小振动、缓和冲击，以免影响减速器内传动件的正常工作，则可选用弹性联轴器，如弹性柱销联轴器等。

联轴器的型号应根据计算转矩、轴的转速和轴径来选择，要求所选联轴器的许用转矩大于计算转矩，还应注意联轴器毂孔直径范围是否与所连接两轴的直径大小相适应。若不适应，则应重选联轴器的型号或改变轴径。

2.2 减速器内部传动零件的设计

1. 圆柱齿轮传动设计

设计圆柱齿轮传动的主要内容有：确定齿轮材料和热处理方式，选择齿轮的精度等级，定出齿轮的齿数、模数，计算齿轮的几何尺寸及受力等。

齿轮材料及热处理方式的选择，应考虑齿轮的工作条件、传动尺寸的要求等。若传递功率大，且要求尺寸紧凑，可选用合金钢或合金铸钢，并采用表面淬火或渗碳淬火等热处理方式；若一般要求，则可选用碳钢或铸钢，采用正火或调质等热处理方式。当齿轮直径 $d \leqslant 500$ mm 时，多采用锻造毛坯；当 $d \geqslant 500$ mm 时，多采用铸造毛坯。当小齿轮齿根圆直径与轴径接近，齿轮的齿根至键槽的距离 $x < 2.5$ mm 时，多制成齿轮轴。同一减速器中的各级小齿轮（或大齿轮）的材料尽可能相同，以减少材料牌号和工艺要求。

锻钢齿轮按照齿面硬度不同分为软齿面（≤350 HBS）和硬齿面（>350 HBS）两种。由于小齿轮比大齿轮的啮合次数多，故一般软齿面大小齿轮的齿面硬度差为 30～50 HBS，硬齿面大小齿轮的硬度基本一样。

齿轮传动的计算准则和方法，应根据齿轮工作条件和齿面硬度来确定。对于软齿面齿轮传动，应按齿面接触疲劳强度计算，用齿根弯曲疲劳强度进行校核；对于硬齿面齿轮传动，应按齿根弯曲疲劳强度计算，用齿面接触疲劳强度进行校核。

设计齿轮时，在确定齿轮的齿数、模数和螺旋角时，不能孤立地单独决定，而应综合考虑。当齿轮传动中心距一定时，齿数多，模数小，既能增加重合度，改善传动平稳性，又能降低齿高，减轻磨损和胶合；但同时又会降低轮齿的弯曲强度。对于闭式软齿面齿轮传动，一般取 $z_1 = 24 \sim 40$，对于闭式硬齿面齿轮传动，一般取 $z_1 = 17 \sim 24$；传递动力齿轮的模数 m 一般≥2 mm；对于高速齿轮传动，大、小齿轮的齿数应互为质数。对于斜齿轮，螺旋角 β 不能太大或太小，一般取 $\beta = 8^\circ \sim 25^\circ$。

要正确处理设计计算的尺寸数据，应分别按不同情况进行标准化、圆整或求出精确数值。

例如，模数必须为标准值，中心距、齿宽应圆整；啮合几何尺寸（齿根圆、齿顶圆和螺旋角等）必须取精确的计算数值，一般精确到小数点后面两位，螺旋角应精确到秒。

2. 滚动轴承的选择

滚动轴承的类型应根据所受载荷的大小、性质、方向，轴的转速及其工作要求进行选择。若只承受径向载荷或主要是径向载荷而轴向载荷较小，轴的转速较高，则选择深沟球轴承。若轴承承受径向力和较大的轴向力，则应选择角接触球轴承或圆锥滚子轴承。由于圆锥滚子轴承装拆调整方便、价格较低，故应用最多。

根据初算轴径，考虑轴上零件的轴向定位和固定，估计出装轴承处的轴径，再选用直径系列为轻系列或中系列的轴承，这样可初步定出滚动轴承型号，在设计后期进行轴承的寿命验算时再确定轴承选得是否合适。

第3章

减速器的结构与润滑

减速器已有系列标准，即标准减速器，并由专业厂生产。一般情况下应尽量选用标准减速器，但在生产实际中，标准减速器不能完全满足机器的功能要求，有时还需设计非标准减速器。这里主要介绍通用减速器的结构及设计。

通用减速器的结构随其类型和要求不同而异，其基本结构如图3-1、图3-2所示，主要由传动零件（齿轮或蜗杆、蜗轮）、轴和轴承、连接零件（螺钉、销钉、键）、箱体和附件、润滑和密封装置等部分组成。箱体为剖分式结构，由箱座和箱盖组成，其剖分面通过齿轮传动的轴线。

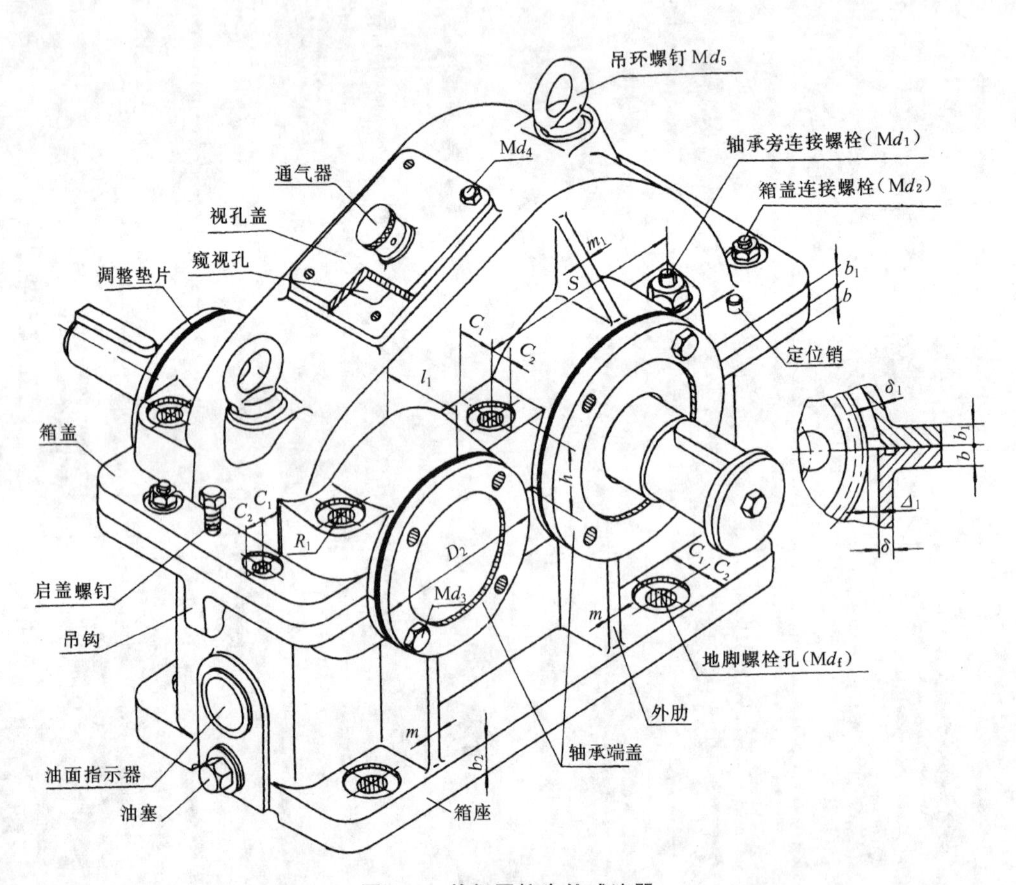

图3-1　单级圆柱齿轮减速器

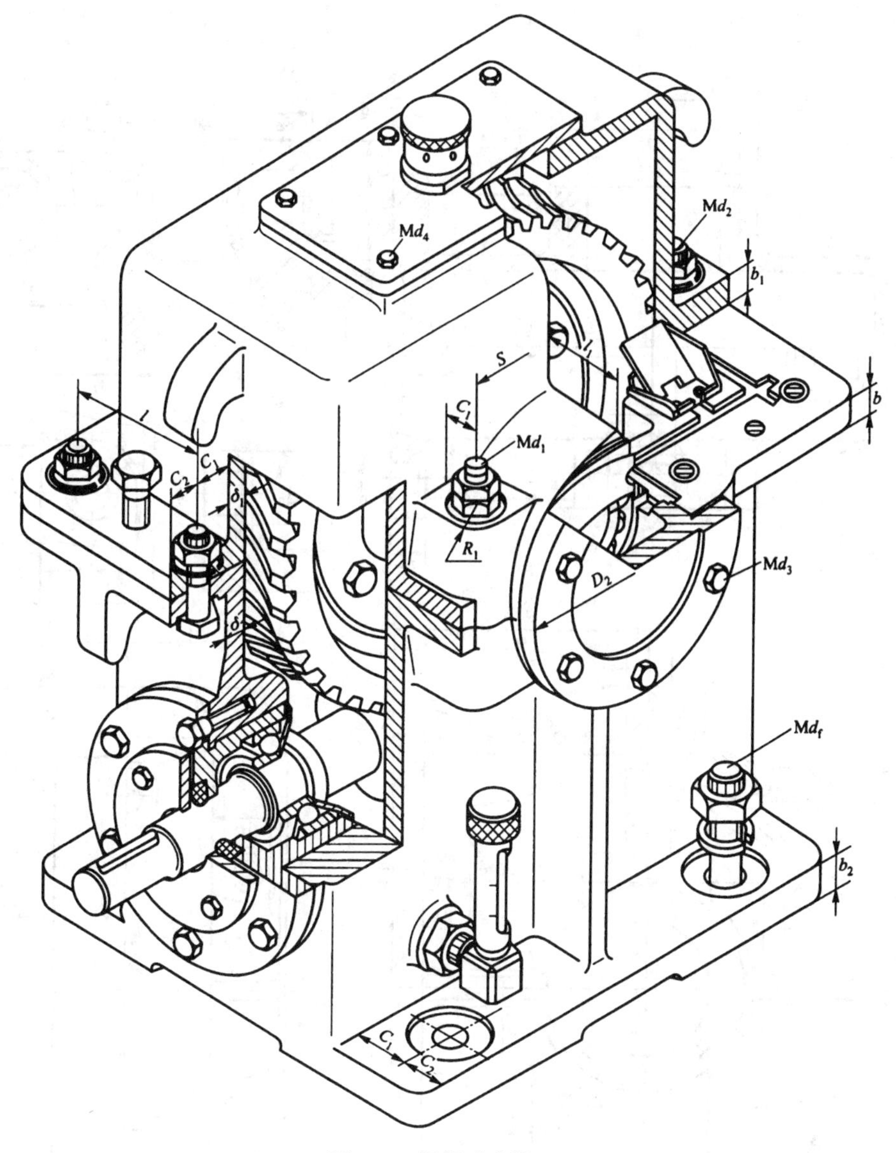

图 3-2 蜗杆减速器

3.1 箱体的结构尺寸

箱体是减速器的一个重要零件，用以支承和固定减速器中的各种零件，并保证传动件的啮合精度，使箱内零件具有良好的润滑和密封。

减速器箱体按照毛坯制造方法不同分铸造箱体和焊接箱体，按照箱体剖分与否分为剖分式箱体和整体式箱体。减速器箱体多用 HT150 或 HT200 灰铸铁铸造而成。为便于箱体内零件装拆，箱体多采用剖分式，其剖分面常与轴线平面重合，一般为水平式，加工方便，在减速器中被广泛采用。

箱体的结构和确定各部分的尺寸参考图 3-3、图 3-4 及表 3-1。

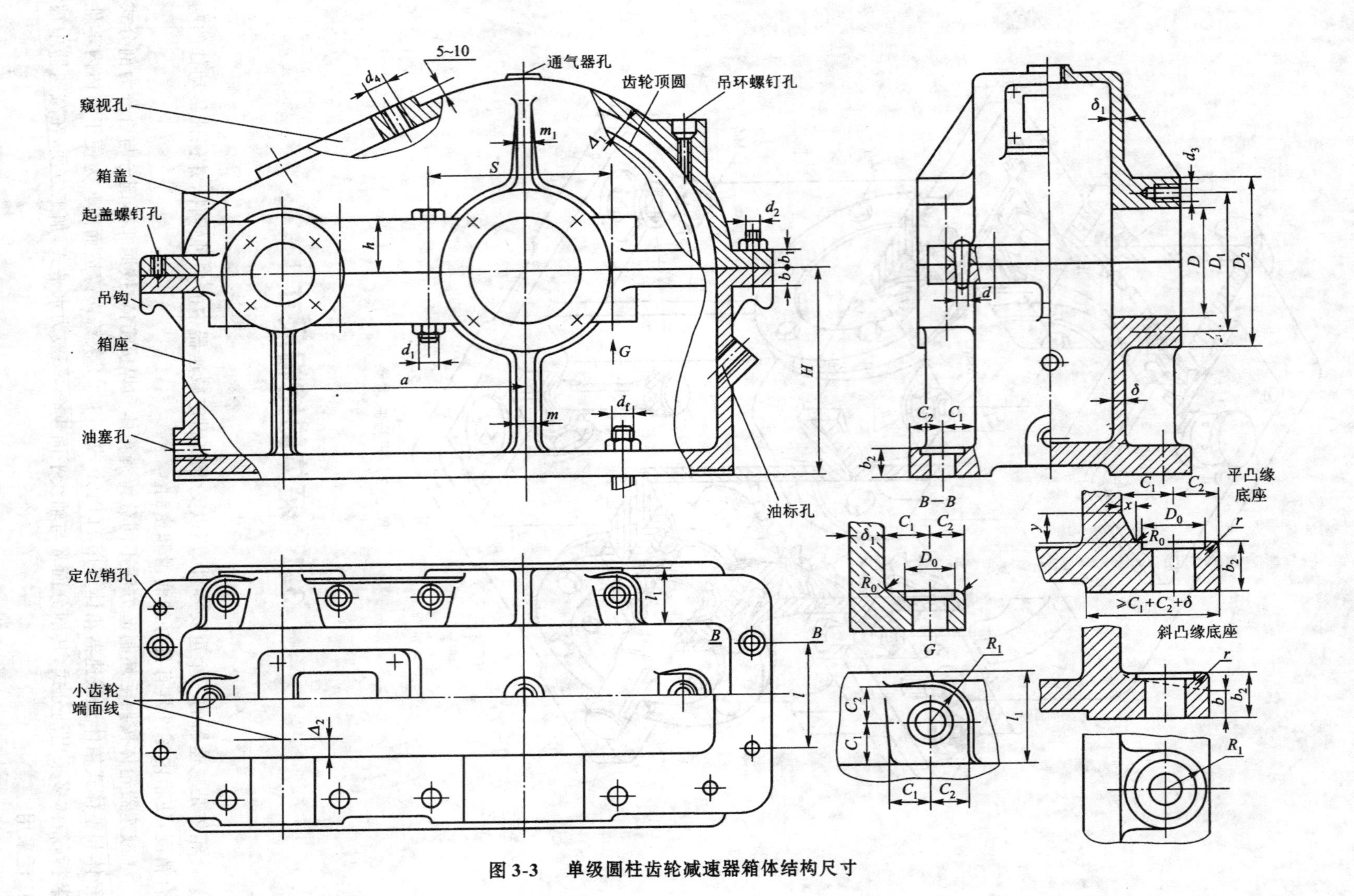

图 3-3 单级圆柱齿轮减速器箱体结构尺寸

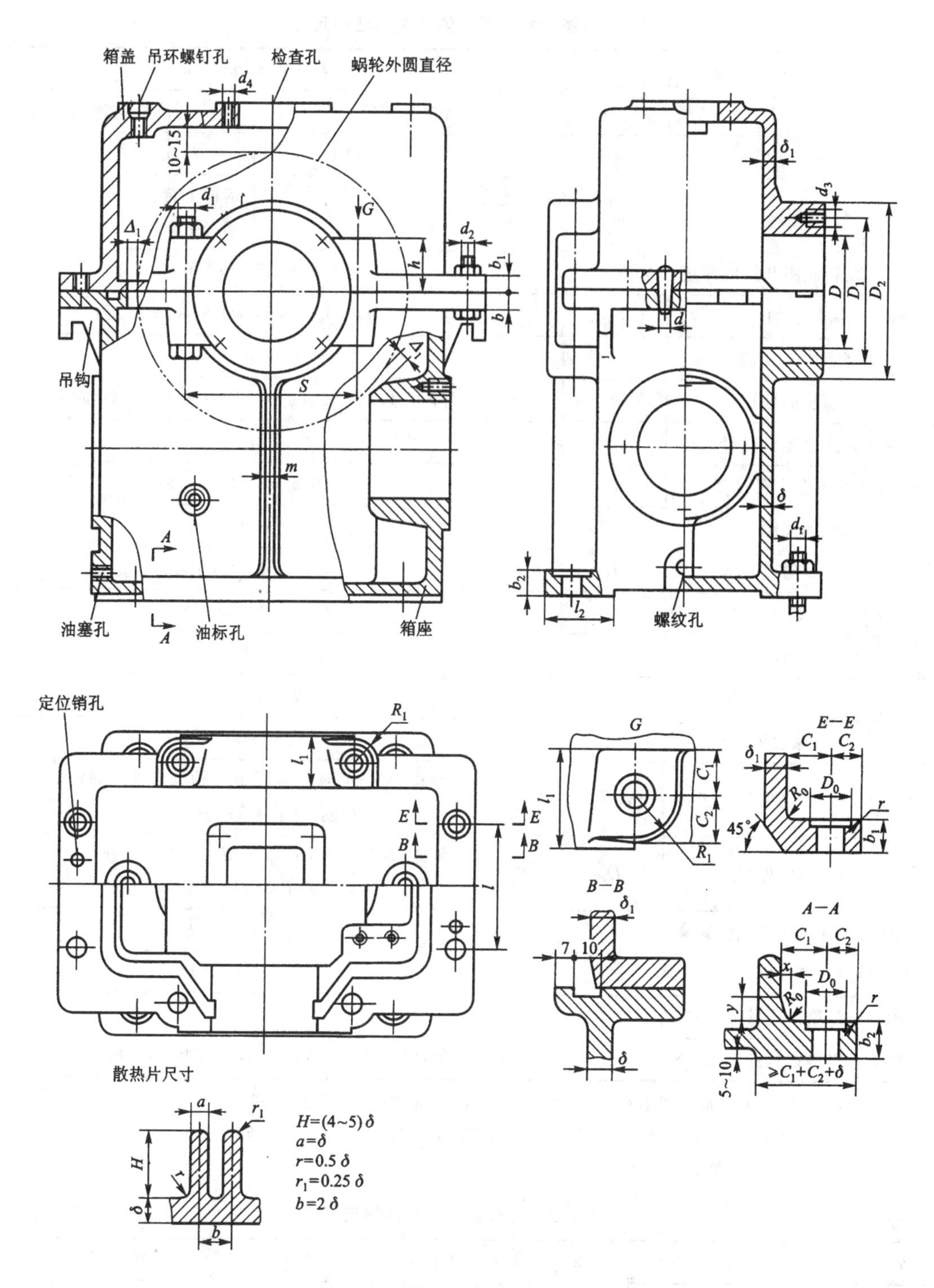

图 3-4　蜗杆减速器箱体结构尺寸

表 3-1　铸造减速器箱体的主要结构尺寸

名　　称	符　号	结构尺寸/mm	
		齿轮减速器	蜗杆减速器
箱座(体)壁厚	δ	$0.025a+\Delta\geqslant 8$*	$0.04a+3\geqslant 8$
箱盖壁厚	δ_1	$0.85\delta\geqslant 8$	蜗杆上置:δ 蜗杆下置:$0.85\delta\geqslant 8$
箱座、箱盖、箱底座凸缘的厚度	b, b_1, b_2	$b=1.5\delta, b_1=1.5\delta_1, b_2=2.5\delta$	
箱座、箱盖上的肋厚	m, m_1	$m\approx 0.85\delta, m_1\approx 0.85\delta_1$	
地脚螺栓的直径	d_f	$d_f\geqslant 0.036a+12$	
地脚螺栓的数目	n	$a\leqslant 250$ 时,$n=4$; $250< a\leqslant 500$ 时,$n=6$; $a>500$ 时,$n=8$	
轴承旁连接螺栓直径	d_1	$0.75d_f$	
箱座、箱盖的连接螺栓直径	d_2	$(0.5\sim 0.6)d_f$	
螺栓的间距	l	150～200	
轴承盖螺钉直径	d_3	$(0.4\sim 0.5)d_f$	
窥视孔盖螺钉直径	d_4	$(0.3\sim 0.4)d_f$	
定位销直径	d	$(0.7\sim 0.8)d_2$	
d_f,d_1,d_2 至外箱壁距离	C_1	见表 3-2	
d_f,d_2 至凸缘边缘距离	C_2	见表 3-2	
轴承旁凸台的高度和半径	h, R_1	h 由结构要求确定,根据低速及轴承座外径确定,方便扳手操作;$R_1=C_2$	
轴承端盖的外径	D_2	凸缘式:$D_2=D+(5\sim 5.5)d_3$(D 为轴承外径) 嵌入式:$1.25D+10$(D 为轴承外径)	
箱体外壁至轴承座端面的距离	l_1	$C_1+C_2+(5\sim 10)$	
大齿轮顶圆与箱体内壁的距离	Δ_1	$=1.2\delta$	
齿轮端面与箱体内壁的距离	Δ_2	$>\delta$	
轴承旁连接螺栓的距离	S	尽量靠近,以 Md_1 和 Md_3 互不干涉为准,一般取 $S=D_2$	

*注:1. a 值:对圆柱齿轮传动、蜗杆传动为中心距;对多级齿轮传动则为低速级中心距。

2. Δ 与减速器的级数有关:单级减速器,取 $\Delta=1$;双级减速器,取 $\Delta=3$;三级减速器,取 $\Delta=5$。

3. 当算出的 δ_1、δ_2 值小于 8 mm 时,应取 8 mm。

表 3-2　凸台及凸缘的结构尺寸　(mm)

螺栓直径	M6	M8	M10	M12	M14	M16	M18	M20	M22	M24	M27	M30
$C_{1\min}$	12	14	16	18	20	22	24	26	30	34	38	40
$C_{2\min}$	10	12	14	16	18	20	22	24	26	28	32	35
D_0	13	18	22	26	30	33	36	40	43	48	53	61
$R_{0\max}$	5					8				10		
$r_{\max}$	3						5			8		

3.2 减速器的附件

为了保证减速器能正常工作和具备完善的性能，如方便检查传动件的啮合情况、注油、排油、通气和便于减速器的安装、吊运等，减速器箱体上常设置某些必要的装置和零件，这些装置和零件及箱体上相应的局部结构统称为附件(参见表 3-3)。

表 3-3 减速器附件说明表

名称	功能	注意事项	备注
窥视孔和窥视孔盖	便于检查传动件的啮合情况和润滑情况等，并可由该孔注入润滑油。	窥视孔应该开在便于观察传动件啮合区的位置，尺寸大小以便于观察为宜。 材料可采用铸铁、钢板或有机玻璃，应在其和箱体之间加密封垫片，四周用螺钉加以固定。 为了减小机械加工面，窥视孔口部应该制成凸台，并避免加工时和其他部位相干涉。如图 3-5 所示。孔盖用螺钉紧固，其结构如图 3-6 所示。	窥视孔及窥视孔盖的结构尺寸见表 3-4，也可根据结构自行设计。
放油螺塞	为了换油及清洗箱体时排污，在箱体底部设置放油孔。正常工作时，放油孔用油塞堵住，并用封油垫加强密封。	放油孔应设在箱体底面最低处，并将箱体的内底面设计成向放油孔方向倾斜 1°～1.5°，并在附近设置小凹坑，方便攻螺纹及油污的汇集和排放。 放油孔的箱壁上应制有凸台，以便加工。如图 3-7 所示。	外六角油塞及封油垫的结构尺寸见表 3-5。
通气器	为沟通箱体内外的气流，避免减速器工作时，箱内温度和气压增大，从而造成减速器密封处渗漏。	通气器的结构应该具有防尘和通气的功能，通气器不要直通顶部，较完善的通气器内部应该制成各种曲路并有金属网，防止停机后灰尘吸入箱体内部，如图 3-8 所示。	通气器的结构尺寸见表 3-6。通气罩的结构尺寸见表 3-7。通气帽的结构尺寸见表 3-8。
油标	为指示油面的高度是否符合要求，以便保持箱内正常的油量。	应设置在便于检查及油面较稳定之处(一般是低速级传动件附件)。一般多用带有螺纹的杆式油标，如图 3-9 所示。应使箱座油标孔的倾斜位置便于加工和使用，如图 3-10 所示。油标上的油面刻度线应该按照传动件的浸油深度确定。为避免因油的搅动而影响检查效果，在标尺外加装隔离套，如图 3-11 所示。	油标尺的结构尺寸见表 3-9。
起盖螺钉	为了加强密封效果，通常在剖分面上涂以密封胶，故在拆卸时往往因黏结较紧而不易分开。为此，常在箱盖侧边的凸缘上设置起盖螺钉，只要拧动此螺钉，就可顶起箱盖。	起盖螺钉的直径一般与箱体凸缘连接螺栓的直径相同，其螺纹长度必须大于箱盖凸缘的厚度，如图 3-12 所示。	

续表

名　称	功　能	注意事项	备　注
定位销	为了保证箱体轴承座孔的镗削和装配精度，箱盖与箱座需用两个圆锥销定位。	定位销孔是在减速器箱盖与箱座用螺栓连接紧固后，镗削轴承座孔之前加工的，如图 3-13 所示。 定位销的直径一般取$(0.7\sim0.8)d_2$，其长度应大于箱盖和箱座连接凸缘的总厚度，便于装拆。	定位销的结构尺寸见附录 F。
起吊装置	起吊装置有吊环螺钉、吊耳、吊耳环、吊钩等，供搬运减速器之用。吊环螺钉(或吊耳)设在箱盖上，通常用于吊运箱盖，也用于吊运轻型减速器；吊钩铸在箱座两端的凸缘下面，用于吊运整台减速器。	吊环螺钉为标准件，按起重重量选取。在装配时必须把螺钉完全拧入，使其台肩压紧箱盖上的凸缘面，以保证足够的承载能力，如图 3-14 所示。 为了减少螺孔和支承面等部位的机械加工量，常在箱盖上直接铸出吊耳或吊耳环来代替吊环螺钉。	吊耳、吊耳环、吊钩的结构尺寸见表 3-10。
轴承端盖	轴承端盖(简称轴承盖)用于固定轴承外圈及调整轴承间隙，承受轴向力。	轴承端盖有凸缘式和嵌入式两种。凸缘式轴承端盖用螺钉固定在箱体上，调整轴承间隙比较方便，密封性能好，用得较多，如图 3-15 所示。嵌入式轴承端盖结构简单，不需用螺钉，依靠凸起部分嵌入轴承座相应的槽中，但调整轴承间隙比较麻烦，需打开箱盖，如图 3-16 所示。根据轴是否穿过端盖，轴承端盖又分为透盖和闷盖两种。透盖中央有孔，轴的外伸端穿过此孔伸出箱体，穿过处需有密封装置。闷盖中央无孔，用在轴的非外伸端。	凸缘式和嵌入式轴承端盖的结构尺寸见表 3-11 和表 3-12。

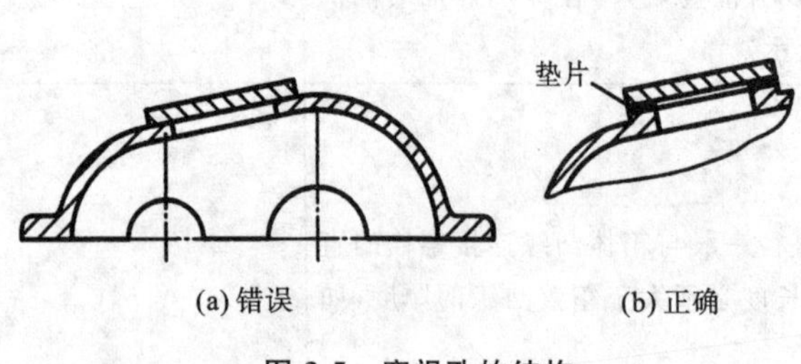

图 3-5　窥视孔的结构

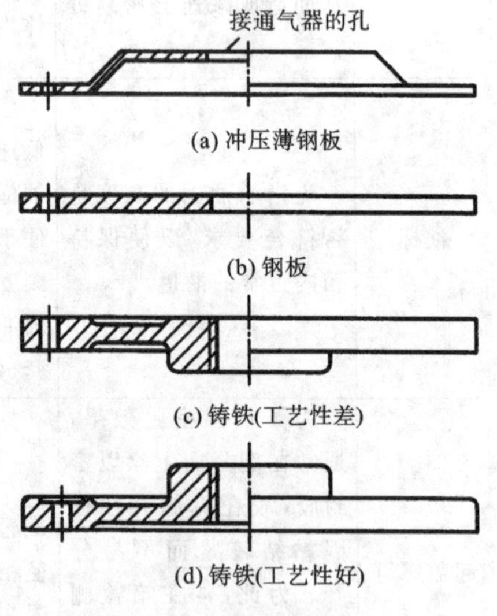

图 3-6　窥视孔盖的结构

表 3-4 窥视孔及窥视孔盖的结构尺寸 (mm)

l_1	l_2	l_3	l_4	b_1	b_2	b_3	d 直径	d 孔数	δ	R	可用的减速器中心距 a_Σ
90	75	60	—	70	55	40	7	4	4	8	单级 $a \leqslant 150$
150	125	100	—	100	80	75	7	4	6	12	单级 $a \leqslant 250$
200	175	150	—	150	125	100	7	6	6	12	单级 $a \leqslant 350$
260	230	200	—	210	180	150	9	8	6	15	单级 $a \leqslant 450$

注：窥视孔盖材料为 Q235-A。

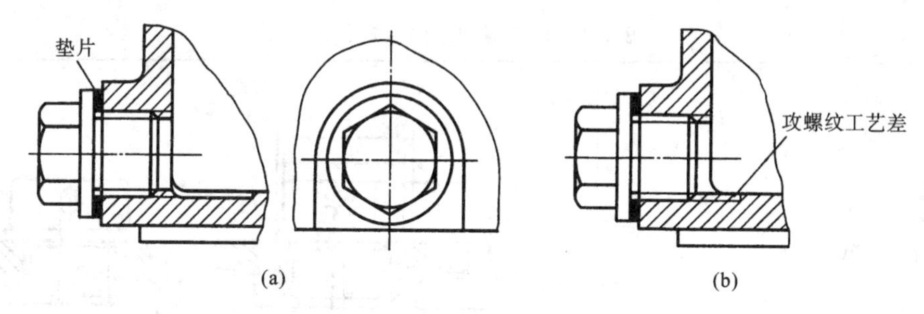

图 3-7 放油螺塞的结构

表 3-5 外六角螺塞(摘自 JB/ZQ 4450—2006)、封油垫 (mm)

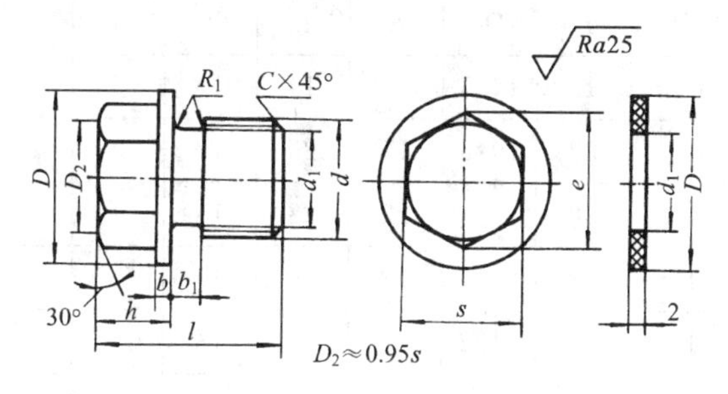

标记示例

d 为 M12×1.25 的外六角螺塞：

螺塞 M12×1.25 JB/ZQ 4450—2006

d	d_1	D	e	s 基本尺寸	s 极限偏差	l	h	b	b_1	R	C	质量 m/kg
M12×1.25	10.2	22	15	13	0 −0.24	24	12	3	3	1	1.0	0.032
M20×1.5	17.8	30	24.2	21	0 −0.28	30	15	4				0.090
M24×2	21	34	31.2	27		32	16		4		1.5	0.145
M30×2	27	42	39.3	34	0 −0.34	38	18					0.252

技术要求：表面发蓝处理。

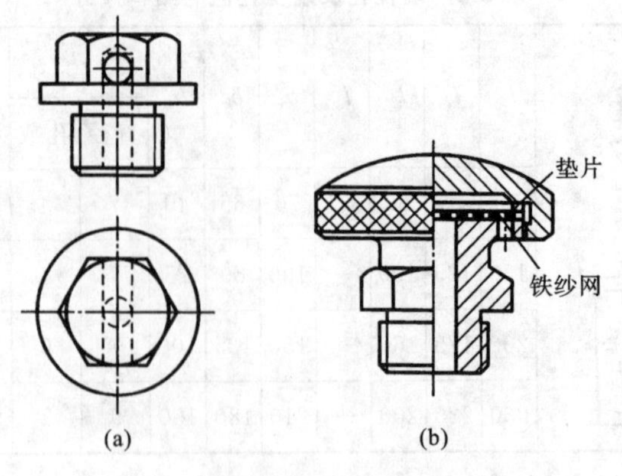

图 3-8　通气器

表 3-6　通气器的结构形式及尺寸　(mm)

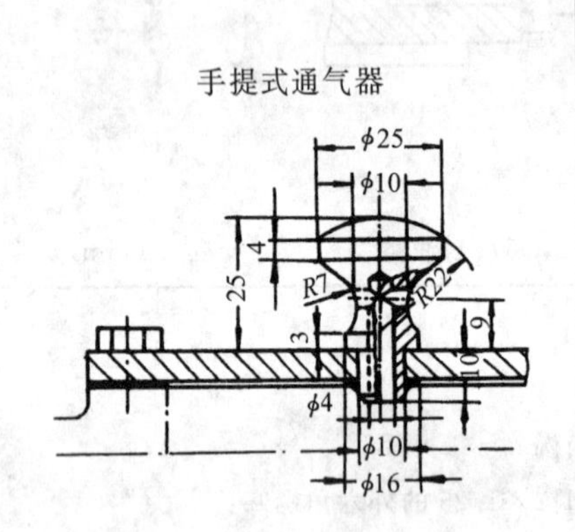

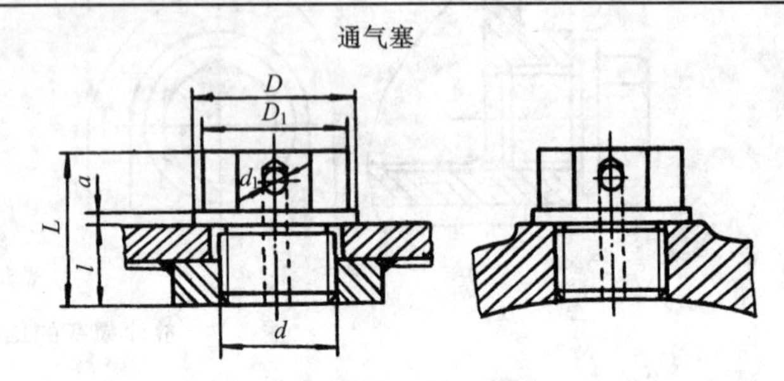

S—螺母扳手开口宽度（下同）

d	D	D_1	S	L	l	a	d_1
M12×1.25	18	16.5	14	19	10	2	4
M16×1.5	22	19.6	17	23	12	2	5
M20×1.5	30	25.4	22	28	15	4	6
M22×1.5	32	25.4	22	29	15	4	7
M27×1.5	38	31.2	27	34	18	4	8
M30×2	42	36.9	32	36	18	4	8

表 3-7　通气罩的结构尺寸　(mm)

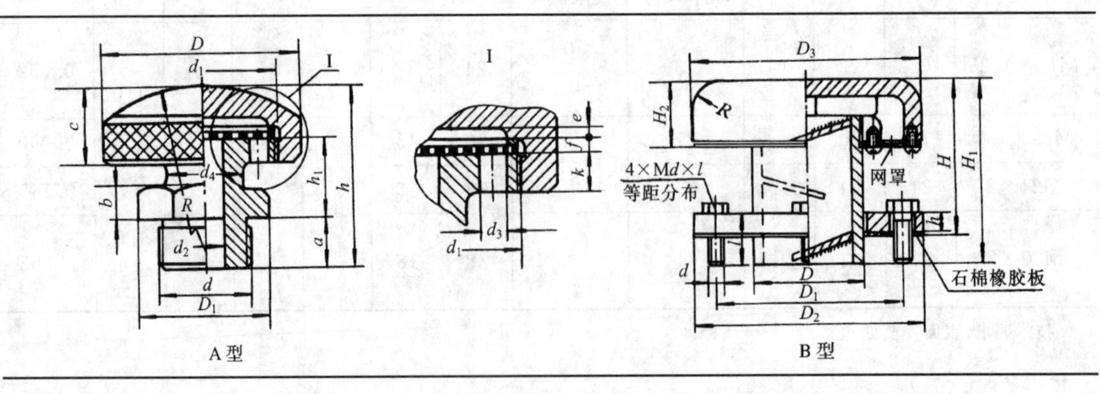

续表

A型																
d	d_1	d_2	d_3	d_4	D	h	a	b	c	h_1	R	D_1	S	k	e	f
M18×1.5	M33×1.5	8	3	16	40	40	12	7	16	18	40	26.4	22	6	2	2
M27×1.5	M48×1.5	12	4.5	24	60	54	15	10	22	24	60	36.9	32	7	2	2
M36×1.5	M64×1.5	16	6	30	80	70	20	13	28	32	80	53.1	41	7	3	3

B型										
序号	D	D_1	D_2	D_3	H	H_1	H_2	R	h	$d\times l$
1	60	100	125	125	77	95	35	20	6	M10×25
2	114	200	250	260	165	195	70	40	10	M20×50

表 3-8 通气帽的结构尺寸 (mm)

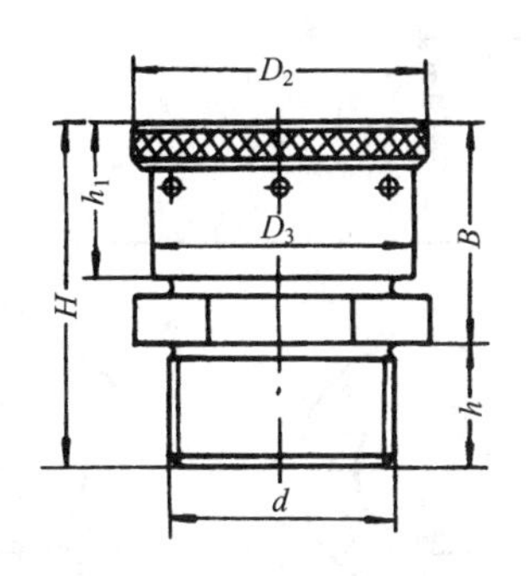

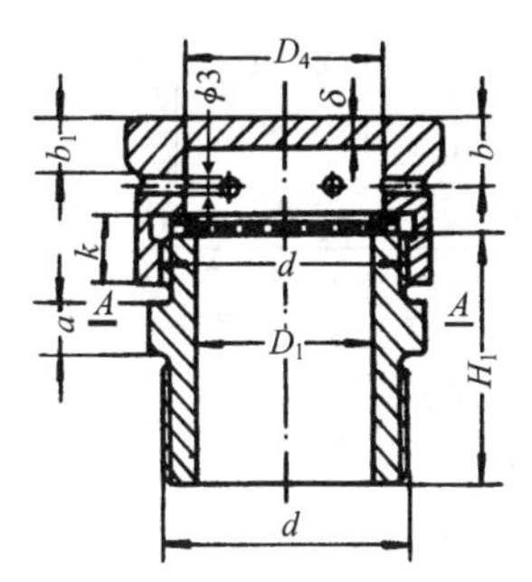

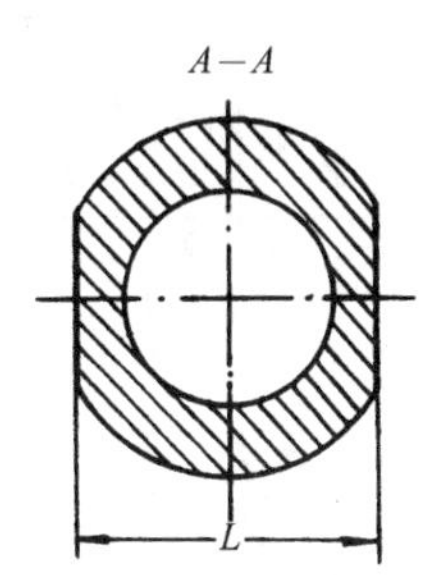

d	D_1	B	h	H	D_2	H_1	a	δ	k	b	h_1	b_1	D_3	D_4	L	孔数
M27×1.5	15	30	15	45	36	32	6	4	10	8	22	6	32	18	32	6
M36×2	20	40	20	60	48	42	8	4	12	11	29	8	42	24	41	6
M48×3	30	45	25	70	62	52	10	5	15	13	32	10	56	36	55	8

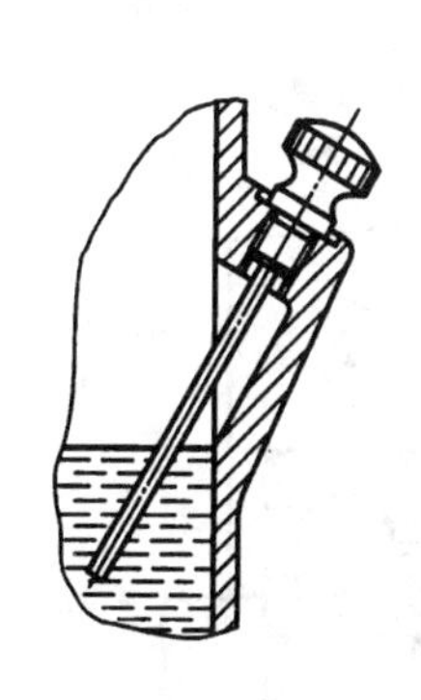

图 3-9 杆式油标

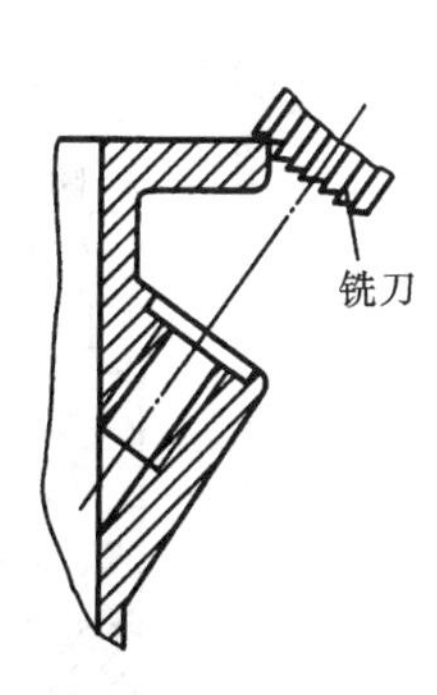

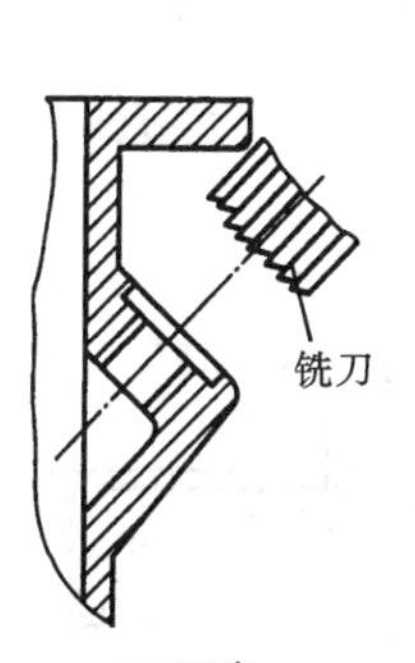

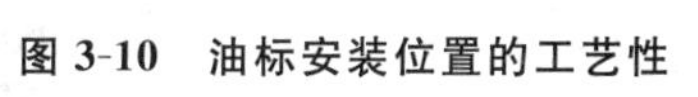

图 3-10 油标安装位置的工艺性

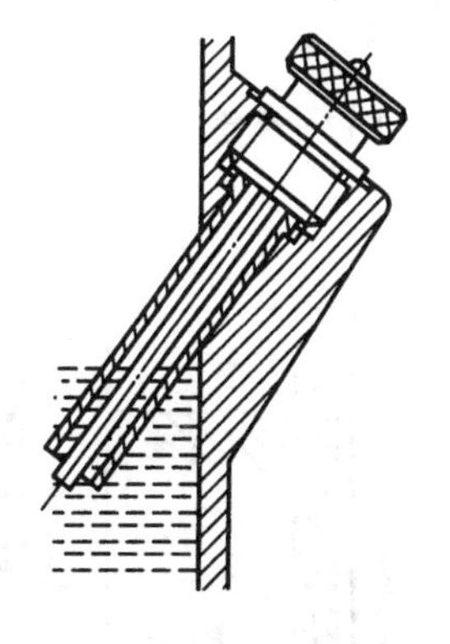

图 3-11 带隔离套的杆式油标

表 3-9 杆式油标尺 (mm)

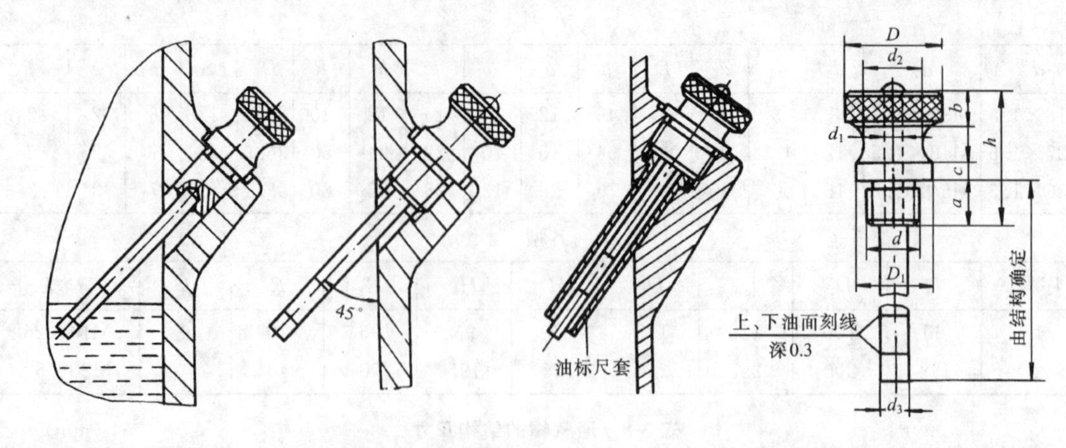

$d\left(d\ \frac{H9}{h9}\right)$	d_1	d_2	d_3	h	a	b	c	D	D_1
M12(12)	4	12	6	28	10	6	4	20	16
M16(16)	4	16	6	35	12	8	5	26	22
M20(20)	6	20	8	42	15	10	6	32	26

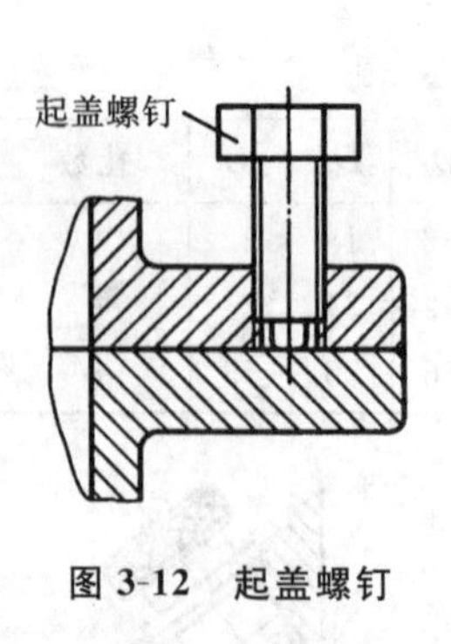

图 3-12 起盖螺钉

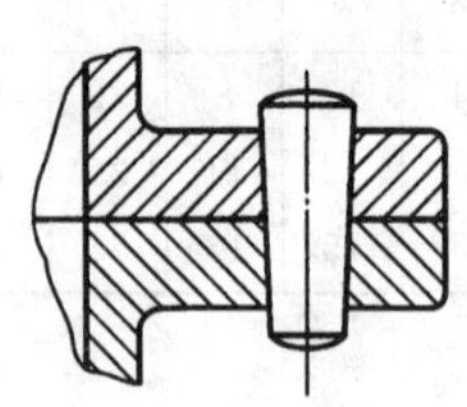

图 3-13 定位销

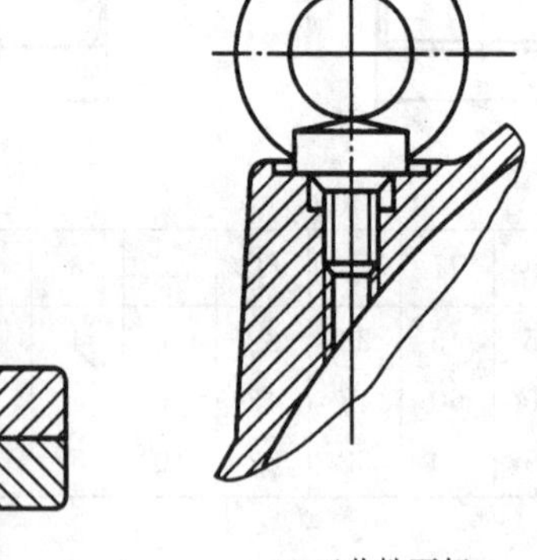
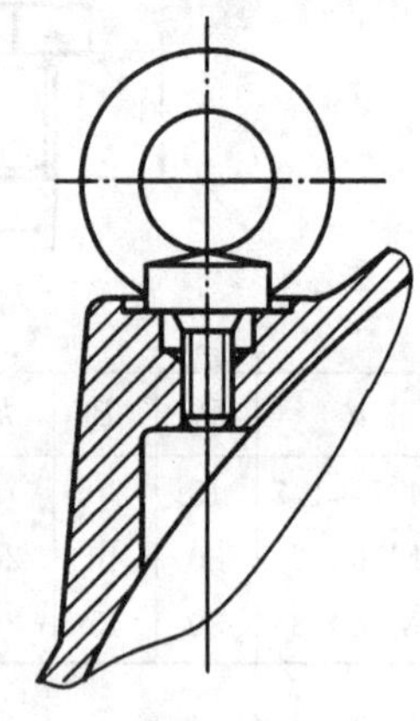

(a) 工艺性不好 (b) 工艺性好

图 3-14 吊环螺钉

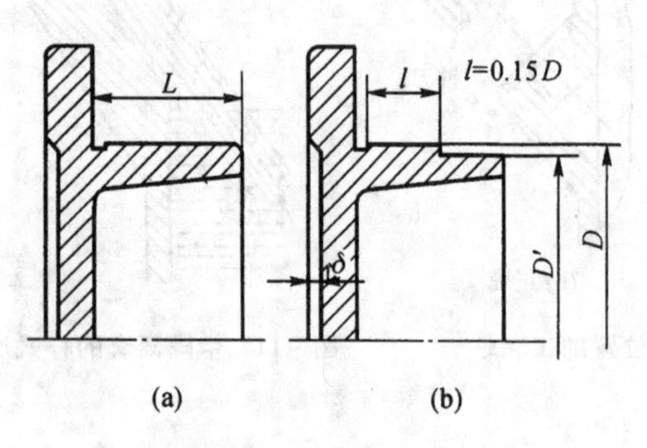

(a) (b)

图 3-15 凸缘式轴承端盖

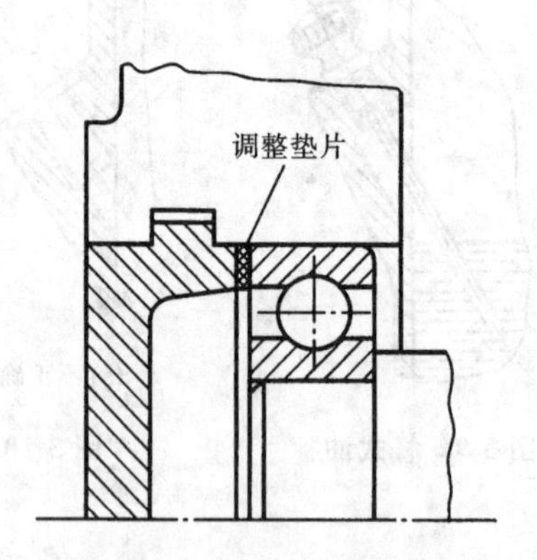

图 3-16 嵌入式轴承端盖

表 3-10 吊耳和吊钩 (mm)

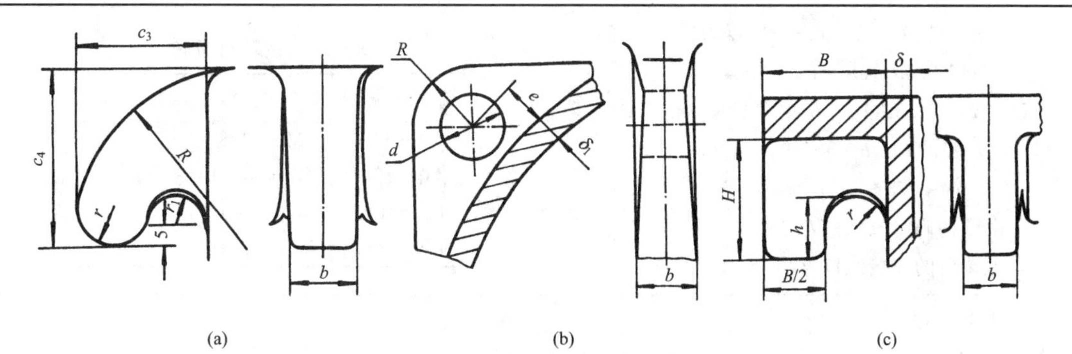

(a) (b) (c)

(a) 吊耳(起吊箱盖用)	(b) 吊耳环(起吊箱盖用)	(c) 吊钩(起吊整机用)
$c_3=(4\sim5)\delta_1$	$d=(1.8\sim2.5)\delta_1$	$B=c_1+c_2$
$c_4=(1.3\sim1.5)c_3$	$R=(1\sim1.2)d$	$H=0.8B$
$b=2\delta_1$	$e=(0.8\sim1)d$	$h=0.5H$
$R=c_4$	$b=2\delta_1$	$r=0.25B$
$r_1=0.225c_3$		$b=2\delta$
$r=0.275c_3$		δ 为箱座壁厚
δ_1 为箱盖壁厚		c_1、c_2 为扳手空间尺寸

表 3-11 嵌入式轴承盖 (mm)

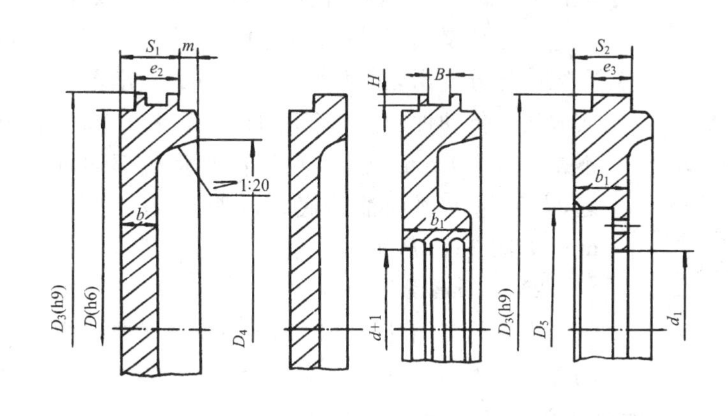

$e_2=8\sim12$；$S_1=15\sim20$；

$e_3=5\sim8$；$S_2=10\sim15$；

m 由结构确定；

$b=8\sim10$；

$D_3=D+e_2$；

D_5、d_1、b_1 等由密封尺寸确定。

表 3-12 凸缘式轴承盖 (mm)

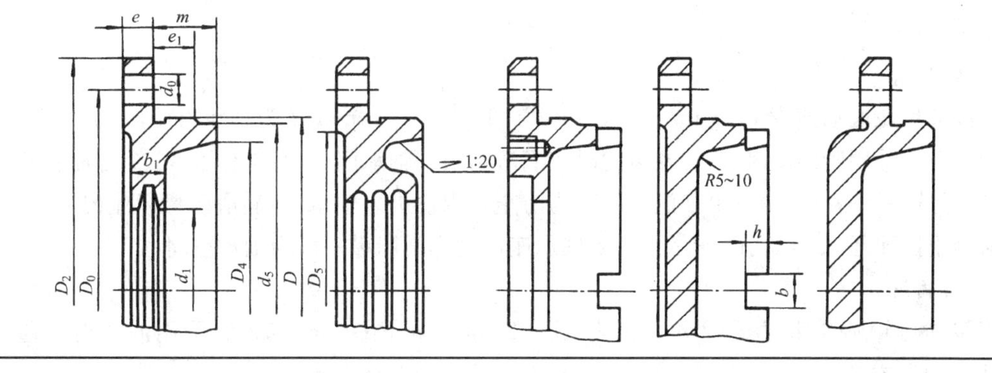

续表

$d_0=d_3+1$；$d_5=D-(2\sim4)$；D 为轴承外径；
$D_0=D+2.5d_3$；$D_5=D_0-3d_3$；
$D_2=D_0+2.5d_3$；b_1、d_1 由密封尺寸确定；
$e=(1\sim1.2)d_3$；$b=5\sim10$；
$e_1\geqslant e$；$h=(0.8\sim1)b$；
m 由结构确定；$D_4=D-(10\sim15)$；
d_3 为端盖的连接螺钉直径，尺寸见右表。

轴承盖连接螺钉直径 d_3

轴承外径 D	螺钉直径 d_3	螺钉数目
45～65	M6～M8	4
70～100	M8～M10	4～6
110～140	M10～M12	6
150～230	M12～M16	6

注：材料为 HT150。

3.3 减速器的润滑

减速器的润滑方式很多，如油脂润滑、浸油润滑、压力润滑、飞溅润滑等。减速器中传动零件和轴承必须要有良好的润滑，以降低摩擦，减少磨损和发热，提高效率。

1. 齿轮的润滑

1）浸油润滑

在减速器中，齿轮的润滑方式根据齿轮的圆周速度 v 而定。当 $v\leqslant12$ m/s 时，多采用浸油润滑，齿轮浸入油池一定深度，齿轮运转时就把油带到啮合区，同时也甩到箱壁上，借以散热。

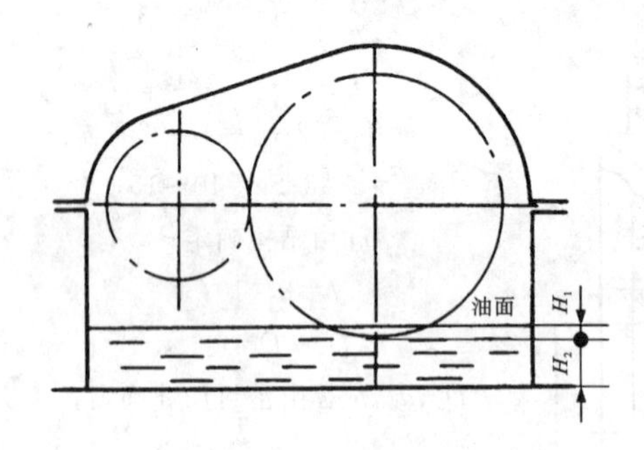

图 3-17　浸油润滑

为避免浸油润滑的搅油功耗太大及保证轮齿啮合区的充分润滑，传动件浸入油中的深度不应太深或太浅。传动件的浸油深度 H_1 一般为 1 个齿高，但不得小于 10 mm。为避免搅油时将底部的脏油带起，大齿轮齿顶到油池底部的距离 H_2 应大于 30 mm，如图 3-17 所示。

2）喷油润滑

当齿轮圆周速度 $v>12$ m/s 时，就要采用喷油润滑。因为圆周速度过高时，齿轮上的油大多被甩出去而送不到啮合区；搅油激烈不仅使油温升高，降低润滑油的性能，还会搅起箱底的杂质，加速齿轮的磨损。故采用喷油润滑，用油泵将润滑油直接喷到啮合区进行润滑，如图 3-18 所示。

2. 滚动轴承的润滑

1）脂润滑

当浸油齿轮圆周速度 $v\leqslant2$ m/s 或者 $dn\leqslant2\times105$ mm·r/min（d 为轴承内径，n 为转速）时，常采用脂润滑。采用脂润滑时，通常在装配时将润滑脂填入轴承座内，每工作 3～6 个月需补充一次润滑脂，每过一年需拆开清洗更换润滑脂。为防止箱内油进入轴承，使润滑脂稀释流出或变质，在轴承内侧用挡油环，如图 3-19 所示。填入轴承座内的润滑脂量一般为轴承空间的 1/3～1/2。

2）油润滑

当浸油齿轮圆周速度 $v>2$ m/s 或者 $dn\geqslant2\times105$ mm·r/min 时，宜采用油润滑。通常有以下几种润滑方式。

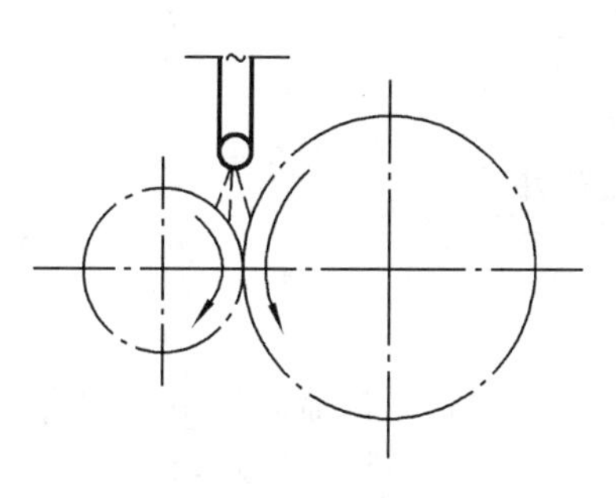

图 3-18 喷油润滑

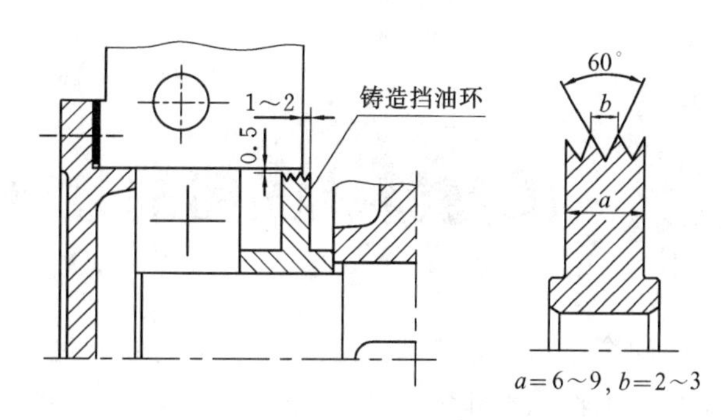

图 3-19 挡油环结构尺寸

(1) 飞溅润滑。

减速器中当浸油齿轮的圆周速度 $v>2$ m/s 时，即可采用飞溅润滑。飞溅的油，一部分直接溅入轴承内，一部分先溅到箱壁上，再顺着箱盖的内壁流入箱座的输油沟中，经轴承端盖上的缺口进入轴承，如图 3-20 所示。输油沟的结构及尺寸如图 3-21 所示。

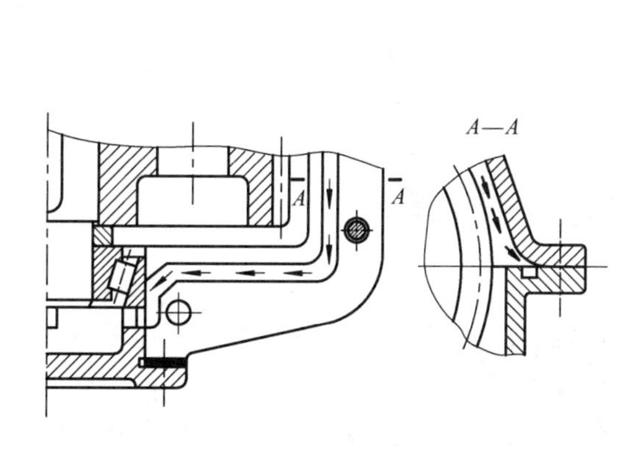

图 3-20 输油沟润滑

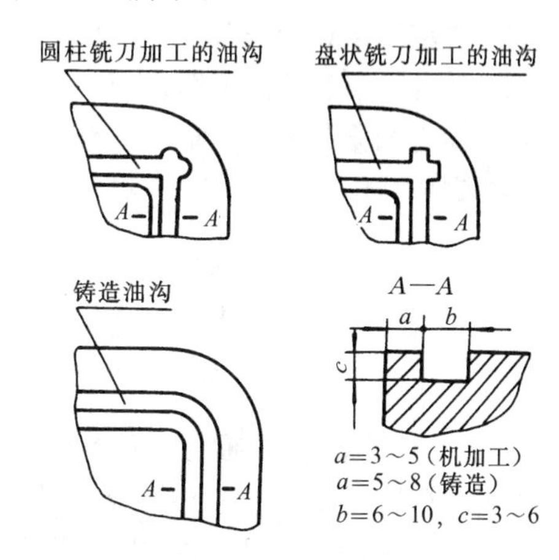

图 3-21 输油沟的结构及尺寸

(2) 刮油润滑。

当传动件圆周速度很低(低于 2 m/s)时，可利用装在箱体内的刮油板，将轮缘侧面上的油刮下用以润滑轴承。刮油板和传动件之间应留 0.1～0.5 mm 的间隙，如图 3-22 所示。

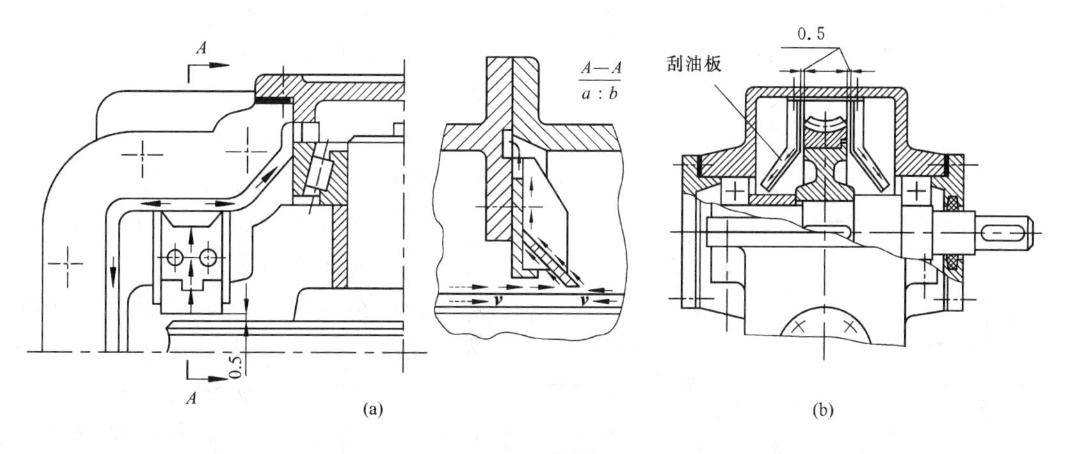

图 3-22 刮油润滑

第4章 减速器装配图的设计与绘制

装配图表达了各零部件之间的相对位置、尺寸及结构形状，也表达了机器总体结构的构思、零部件的工作原理和装配关系，它是绘制零件图、进行机械组装、调试及维护的技术依据。故装配图的设计与绘制是整个机械设计过程中重要的环节。

装配图的设计既包括结构设计又包括校核计算，过程复杂，此外还要综合考虑工作条件、强度、刚度、加工、装拆、调整、润滑、维护等方面的要求。因此设计过程中常常采用“由主到次，由粗到细”“边绘图、边计算、边修改”的方法逐步完成。

减速器装配图的设计通过以下步骤完成：

(1) 装配图设计的准备；

(2) 设计及绘制装配草图；

(3) 检查和修改装配图草图；

(4) 完成装配图。

4.1 装配图设计的准备

在设计装配图前，应通过查阅资料、视频录像及拆装减速器等方式，充分理解减速器各零部件的作用、类型及结构。另外，还需要做好以下几项技术数据的准备：

(1) 齿轮传动主要尺寸，如中心距及齿轮的分度圆直径、齿顶圆直径、轮缘宽度和轮毂长度等；

(2) 电动机的安装尺寸，如电动机的中心高、外伸轴直径和长度等；

(3) 联轴器的型号，轴孔直径和长度，或链轮、带轮轴孔直径和长度；

(4) 箱体的结构方案；

(5) 滚动轴承的类型。

画装配图前，应选择图样比例，布置好图面位置。一般可优先采用1∶1或1∶2的比例尺，以便于绘图具有真实感。装配图一般应有三个视图才能将结构表达清楚，必要时应有局部剖面图、向视图和局部放大图。根据减速器内传动零件的尺寸，参考类似结构的减速器，估计所设计减速器的轮廓尺寸（三个视图的尺寸），同时考虑标题栏、明细表、技术特性、技术要求等需要的空间，做到图面布置合理，如图4-1所示。

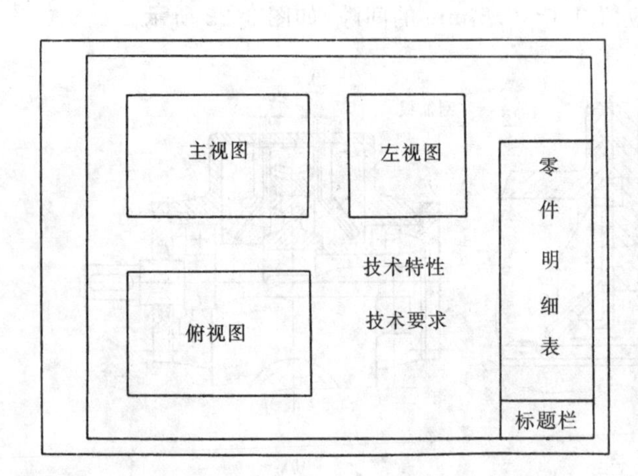

图4-1 图面布置

4.2 装配图设计的第一阶段

第一阶段的主要任务是确定箱体内外零部件的外形尺寸和相互位置关系；选择联轴器，设计轴的结构尺寸；校核轴、键的强度及轴承的使用寿命。

传动零件、轴和轴承是减速器的主要零件，其他零件的结构和尺寸基本由这些零件确定。因此绘图时要先主后次，由内而外逐步画起。三视图中以俯视图为主，兼顾其他视图。

1. 传动零件中心线、轮廓线及箱体内壁线

根据图面布置，先画主视图和俯视图各级的轴线。然后在主视图上画出齿轮的齿顶圆、节圆，在俯视图上画出齿轮的齿顶圆、节圆、齿根圆和齿宽。要注意的是，为了保证啮合宽度和降低安装精度的要求，通常小齿轮比大齿轮宽 5～10 mm，如图 4-2 所示。

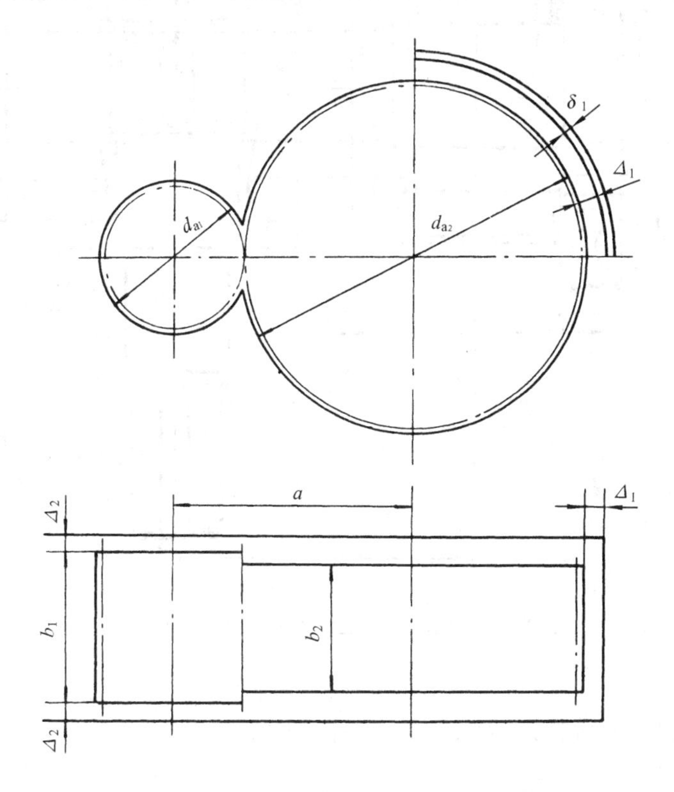

图 4-2 单级圆柱齿轮减速器内壁线绘制

箱体内壁与传动件间应该留有一定的间距，如齿轮齿顶圆至箱体内壁应留有间隙 Δ_1，齿轮端面至箱体内壁应该留有间隙 Δ_2。Δ_1、Δ_2 参考值见表 3-1。画图时，在主视图上距大齿轮齿顶圆 $\Delta_1 \geqslant 1.2\delta$ 的距离处画出箱盖的内壁线，取 δ_1 为箱体壁厚，画出部分外壁线，作为外廓尺寸。然后画俯视图，按小齿轮端面与箱体内壁间的距离 $\Delta_2 \geqslant \delta$ 的要求，画出沿箱体宽度方向的两条内壁线。

轴承座端箱体结构的画法：为了增加轴承的刚性，轴承旁的螺栓要尽量靠近轴承，当采用剖分式箱体结构时，轴承座的宽度 L 则由轴承端盖、箱体连接螺栓的大小确定，即考虑轴承旁连接螺栓 Md_1 所需的扳手空间尺寸 C_1 和 C_2，C_1+C_2 即为凸台宽度；轴承座孔外端面需要加工，为了减少加工面，凸台还需向外凸出 5～8 mm，故轴承座孔总宽度 $L \geqslant \delta_1 + c_1 + c_2 + (5 \sim 8)$，如图 4-3 所示。两轴承座端面间的距离应进行圆整。

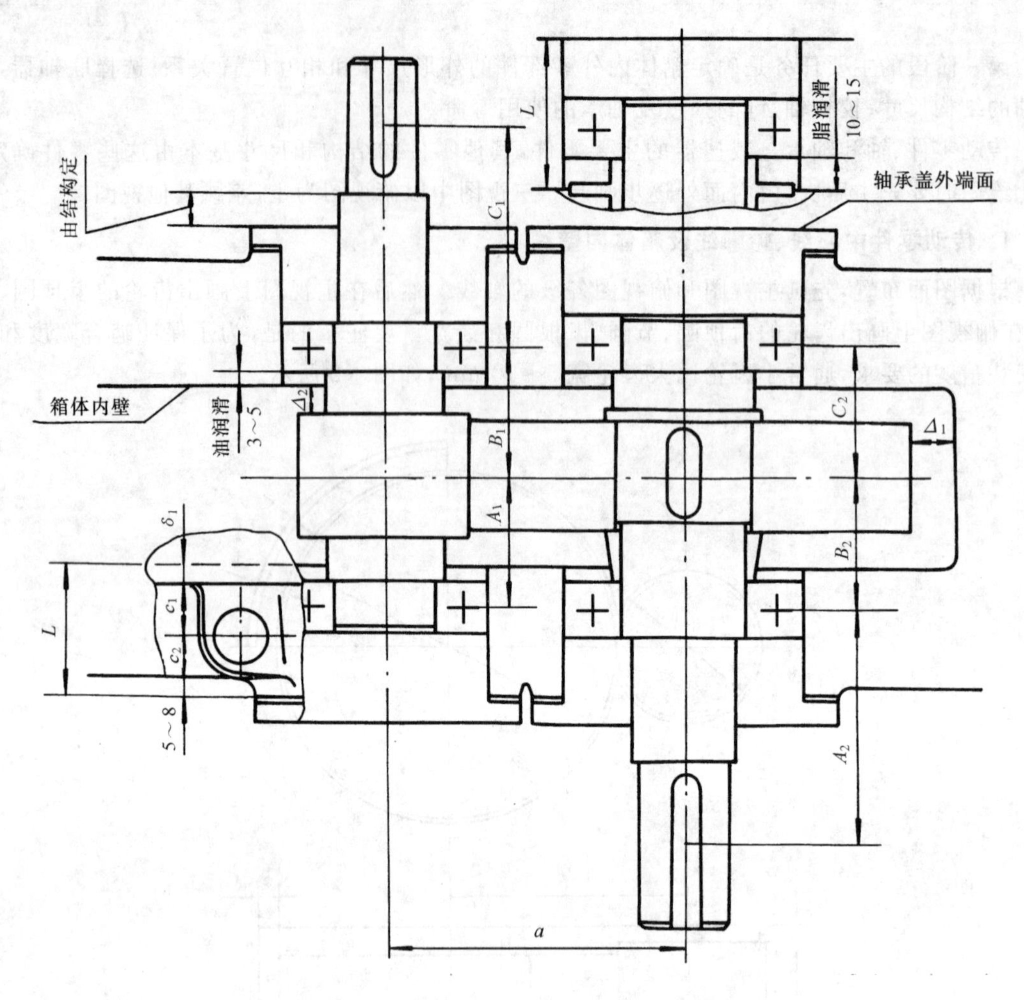

图 4-3　初绘单级圆柱齿轮减速器装配草图

2. 选择联轴器

为便于确定轴的最小直径，应先选定联轴器。

1）选联轴器类型

联轴器的类型可根据工作要求选择。轴的转速低、刚性大，能保证严格对中或轴的长度不大时，可选用固定式刚性联轴器（凸缘联轴器）。减速器输入轴和电动机直接相连时，由于电动机转速高、转矩小，多选用弹性套柱销联轴器。这样可以缓和冲击，并能补偿轴向移动和角位移。中小型减速器输出轴可采用弹性柱销联轴器。此联轴器制造容易，装拆方便，成本低，可用于频繁启动或正反转，并有一定轴向位移和角位移的场合。对于安装对中困难，频繁启动和正反转的低速重载轴的连接，可选用齿轮联轴器。此联轴器的制造工艺复杂，成本较高。

2）选择联轴器的型号和尺寸

确定好联轴器类型后，根据轴所传递转矩的大小和轴的转速从附表 C-7 至表 C-11 中选取适用的型号。所选型号的许用转矩和许用转速应大于计算转矩及实际转速。

3. 轴的结构设计

轴的结构主要综合考虑轴上零件、轴承的布置、润滑和密封，同时考虑轴上零件安装、固定、拆卸等各种因素。一般把轴制成中部大、两头小的阶梯轴结构，如图 4-3 所示。当齿轮直径较小，对于圆柱齿轮，当齿轮的齿根至键槽的距离 $x<2.5$ mm 时，齿轮与轴做成一体，即做成齿轮轴。轴的结构设计，通过以下步骤来完成。

1）轴的径向尺寸的确定

确定轴的各轴段径向尺寸时，应考虑轴上零件的定位、安装、拆卸及加工工艺等要求。下面以图 4-4 为例说明阶梯轴各轴段直径的确定方法（见表 4-1）。

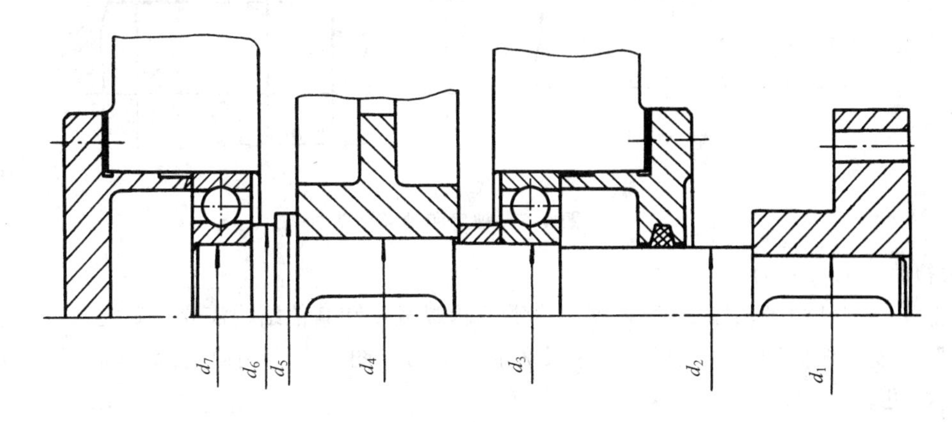

图 4-4　阶梯轴的结构

表 4-1　各轴段直径的确定

参　数	确定的方法及说明
d_1	初估轴的直径，按照公式 $d\geqslant A\sqrt[3]{\frac{P}{n}}$ 计算。公式中 P，n 是轴所传递的功率及转速，参考教材取 A。 如果轴的外伸端是联轴器，则初估直径必须与所选联轴器的孔径相符。 如果轴的外伸端是带轮，则初估直径要与带轮的孔径要求相符。
d_2	$d_2=d_1+2h$，h 为轴肩高度，用于轴上零件的定位和固定，是定位轴肩，应稍大于轮毂孔的圆角半径 R 或者倒角 C，一般取 $h=(0.07\sim0.1)d_1$。 d_2 应考虑密封零件毛毡圈的孔径要求（见附录 I）。 轴肩过渡圆角的要求及数值见附表 A-5。
d_3	$d_3=d_2+(1\sim5)$，该处的轴肩为非定位轴肩，轴肩高度一般取 0.5～2.5 mm。 d_3 与滚动轴承相配合，应考虑轴承的内径尺寸，参考附录 G，设计时先初定轴承为中系列。
d_4	$d_4>d_3$，该处的轴肩为非定位轴肩。
d_5	$d_5=d_4+2h$，轴环用于齿轮的轴向定位，$h=(0.07\sim0.1)d_4$。轴肩过渡圆角的要求及数值与 d_2 相同。
d_7	$d_7=d_2$，同一轴上的滚动轴承的型号保持一致。
d_6	$d_6=d_7+2h$，用于轴承的轴向定位和固定，为了方便拆卸，其值不能超过滚动轴承的内圈高度。

其径向尺寸的变化因素应考虑以下几点：为了保证零件端面的定位可靠(见图 4-5)，应使 $R<C_1$ 或 $R<R_1$。R、R_1 及 C_1 的值见附表 A-5；需要磨削加工或车制螺纹的轴段，应设计相应的砂轮越程槽或螺纹退刀槽；与轴上零件配合的轴段直径应尽量取标准直径系列值。

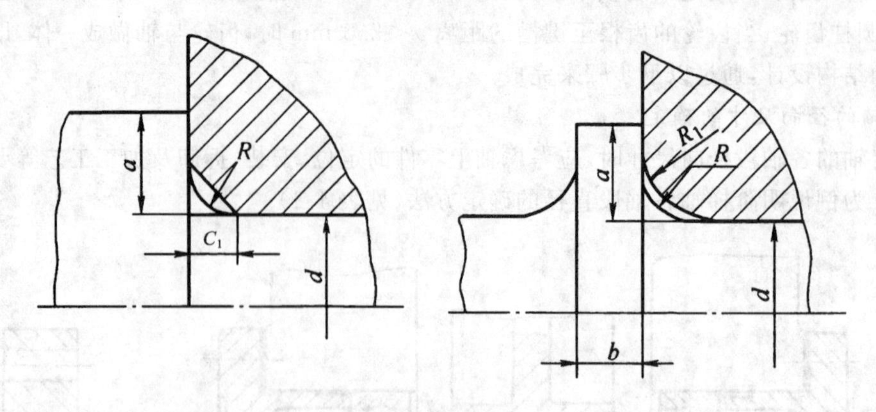

图 4-5 轴肩和轴环

2) 轴的轴向尺寸的确定

轴上安装零件的各轴段长度，根据相应零件轮毂宽度和其他结构需要来确定。不安装零件的各轴段长度可根据轴上零件相对位置来确定。下面以图 4-4 为例说明阶梯轴各轴段长度的确定方法(见表 4-2)。

表 4-2 各轴段长度的确定

参数	名　　称	确定的方法及说明
b_1	齿轮宽度	取 $b_1=b_2+(5\sim10)b_2$，为大齿轮的宽度，即齿轮啮合有效宽度，由齿轮设计计算确定。
Δ_2	齿轮端面至箱体内壁的距离	Δ_2 一般取 10～15 mm。重型减速器应取较大值。
Δ_3	轴承端面至箱体内壁的距离	与轴承的润滑方式有关。脂润滑时，应设封油环，防止润滑油溅入而带走润滑脂，取 5～10 mm。油润滑时，取 3～5 mm。如图 4-3 所示。
B	轴承宽度	按照初定的轴承型号查对应的标准可以确定。
L	轴承座宽度	由轴承座两旁连接螺栓直径要求的扳手位置确定，$L\geqslant\delta_1+C_1+C_2+(5\sim8)$。
l_1	外伸轴上旋转零件的内端面至轴承端盖外端面的距离	l_1 与外接零件及轴承端盖的结构相关，既要保证轴承端盖上螺钉的拆卸要求，又要保证联轴器上柱销的装拆要求。一般凸缘式轴承端盖取 15～20 mm，嵌入式取 5～10 mm。
l_2	外伸轴上装旋转零件的轴段长度	由旋转零件毂孔宽度及固定方法而定，采用键连接时，$l_2=(1.2\sim1.8)d$，d 为轴头直径。为了使传动零件定位可靠，该段的长度应小于与之配合的轮毂宽度 2～3 mm。如图 4-6 所示。如果安装的是非标准件(如带轮等)，直接圆整即可；如果是标准件(如联轴器等)，还应考虑标准件的长度。
m,e	轴承端盖长度尺寸	$m=L-\Delta_3-B$。凸缘式轴承端盖的 m 值不宜过小，以免拧紧螺钉时使轴承端盖歪斜，一般 $m\geqslant e$，e 根据表 3-12 确定。

轴向尺寸的确定因素应考虑以下几点：轴上平键的长度应短于该轴段长度 5～10 mm，键长

要圆整为标准值;键端距零件装入侧轴端距离一般为 2～5 mm,以便安装轴上零件时使其键槽容易对准键;轴段长度一般不与轴上相配零件宽度相等,是为了保证定位可靠,避免三面接触,通常相差 2～3 mm,以保证轴向压紧,如图 4-6 所示。

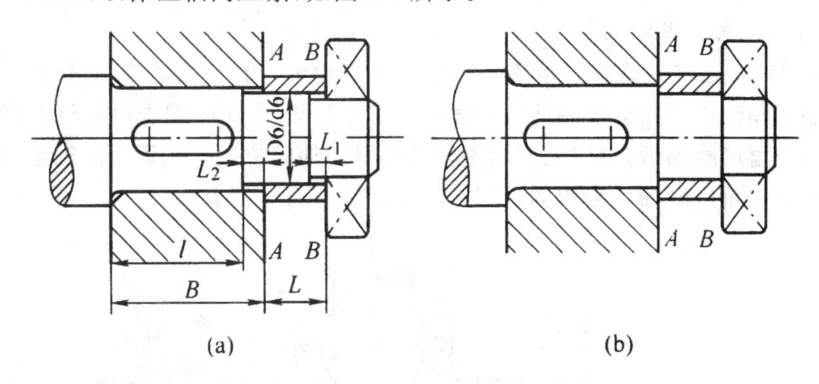

图 4-6 套筒固定

在这一阶段绘制的单级圆柱齿轮减速器的草图如图 4-3 所示。

4. 校核轴、键的强度及键的使用寿命

1) 轴的强度校核

根据初绘装配草图的轴的结构,确定作用在轴上的力的作用点。一般作用在零件、轴承处的力的作用点或支承点取宽度的中点,对于角接触球轴承和圆锥滚子轴承,则应查手册来确定其支承点。确定了力的作用点和轴承间的支承距离后,可绘出轴的受力计算简图,绘制弯矩图、转矩图及当量弯矩图,然后选定 1～2 个危险截面进行强度校核。如果强度不够,应增加轴径,对轴的结构进行修改。

2) 键连接强度校核

键连接强度校核,应校核轮毂、轴、键三者挤压强度的弱者。若强度不够,可增加键的长度,或改用双键、花键,甚至可考虑通过增加轴径来满足强度的要求。

3) 滚动轴承寿命的校核计算

滚动轴承的型号已经初定,故可以进行寿命计算。轴承的寿命最好与减速器的寿命大致相等。如达不到,至少应达到减速器检修期(2～3 年)。如果寿命不够,可先考虑选用其他系列的轴承,其次考虑改选轴承的类型或轴径。如果计算寿命太大,可考虑选用较小系列的轴承。

4.3 装配图设计的第二阶段

第二阶段的主要任务是进行传动零件的结构设计和轴承组合设计。

1. 传动零件的结构设计

传动零件的结构设计主要是指齿轮传动等零件的结构设计。传动零件的结构与所选的材料、毛坯尺寸及制造方法有关,具体的结构设计见第 5 章。

2. 轴承的组合设计

轴承的组合设计主要是正确地解决轴承的轴向位置固定、轴组件的轴向固定、轴承的调整和装拆等。

1）轴承端盖的结构

轴承端盖是用来固定轴承的位置、调整轴承间隙并承受轴向力的，其结构形式主要有凸缘式和嵌入式两种（见图 3-15、图 3-16），具体的结构尺寸见表 3-11 和表 3-12。

2）轴组件的轴向固定和调整

（1）两端固定　这种方式在轴承支点跨距小于 300 mm 的减速器中用得最多，如图 4-7 所示。在轴承端盖和轴承之间应留有适当的间隙 $a=0.2\sim0.3$ mm，间隙是通过调整垫片 1 来控制的。对于向心角接触轴承，可以通过调整轴承外圈的轴向位置得到适当的轴承间隙，如图 4-8 所示。图中的向心角接触轴承采用的是圆锥滚子轴承。

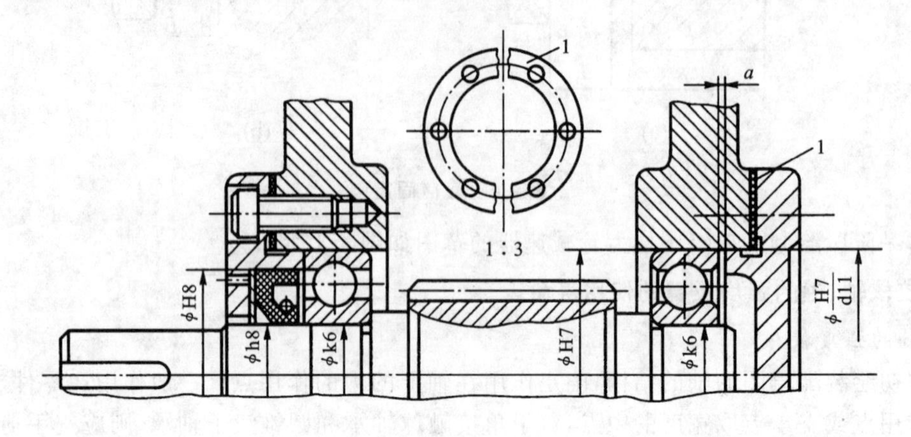

图 4-7　两端固定轴组件结构

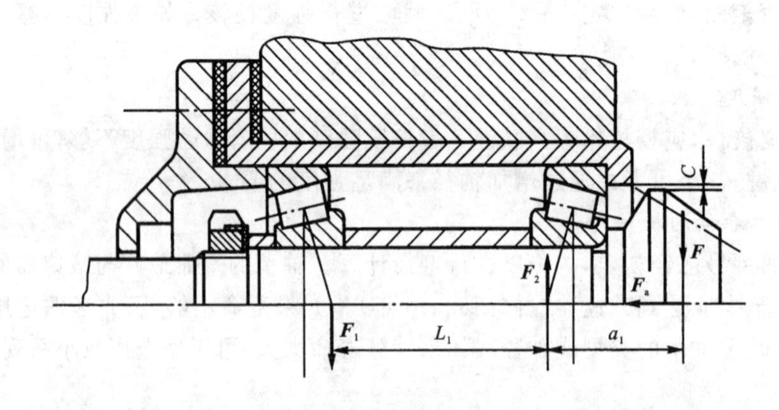

图 4-8　采用向心角接触轴承轴组件的两端固定结构

（2）一端双向固定、一端游动　当轴上两轴承支点跨距大于 300 mm 时，采用此支承方法。图 4-9 所示为蜗杆轴组件结构图，固定端轴承组合的内外圈两侧均被固定，以承受双向轴向力。当固定端采用一对角接触轴承、游动端采用深沟球轴承时，内圈需双向固定，外圈不固定，如图 4-9(a)所示；当游动端采用圆柱滚子轴承时，内外圈两侧均需固定，滚子相对于外圈游动，如图 4-9(b)所示。

3）滚动轴承的密封

根据密封处的轴表面的圆周速度、润滑剂种类、密封要求、工作温度、环境条件等来选择密封件，如表 4-3 所示。

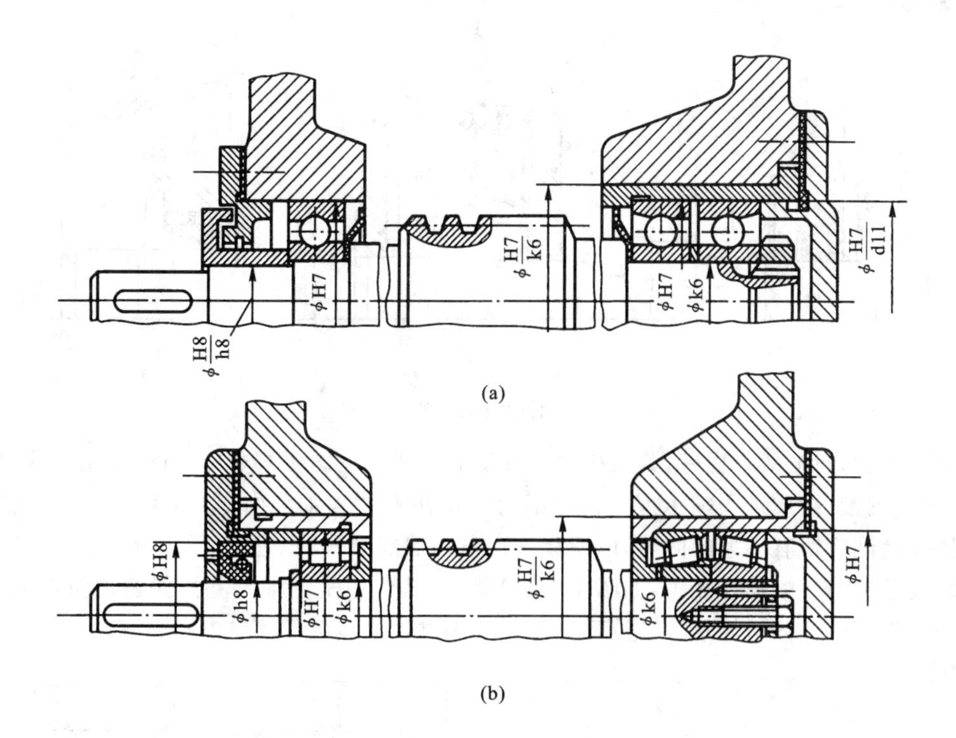

图 4-9　一端双向固定、一端游动的轴组件结构

表 4-3　几种密封装置的适用条件

密封方式	毛毡圈密封	橡胶油封	油沟密封	迷宫式密封
适用轴的圆周速度/(m/s)	4～5	<8	<5	<30
适用的工作温度/℃	<90	－40～100	低于润滑脂融化温度	

轴伸处的密封方式通常分为接触式和非接触式两种。毛毡圈密封是接触式密封中寿命较低、密封效果相对较差的一种，但其结构简单、价格低廉，适合于脂润滑轴承中，如图 4-10 所示，其尺寸标准见附录 I。橡胶油封也是接触式密封的一种，密封效果较好，最常用的是 J 型橡胶油封，可用于油润滑和脂润滑的轴承中，如图 4-11 所示。安装时要注意油封的安装方向，当以防漏油为主时，油封的唇边对着箱体内，如图 4-11(a)所示；当以防外界灰尘为主时，唇边对着箱体外，如图 4-11(b)所示；当两个油封背对放置时，防漏、防尘效果都好。迷宫式密封的密封性能最好，转动件和固定件之间存在着曲折的轴向间隙和径向间隙，利用其间充满的润滑脂达到密封的效果。它结构复杂，制造和装配成本要求较高，如图 4-12 所示。

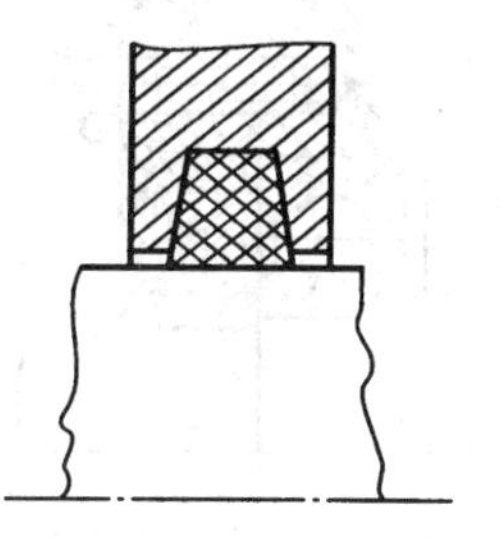

图 4-10　毛毡圈密封

轴承室内侧的密封按其作用分为封油环和挡油环两种。封油环用于脂润滑轴承，其作用是使轴承室与箱体内部隔开，防止轴承内的油脂流入箱内及箱内润滑油溅入轴承室而稀释、带走油脂。封油环密封装置如图 4-13 所示。图 4-13(a)～图 4-13(c)为固定式封油环，其结构尺寸可参照上述轴伸处的密封装置确定；图 4-13(d)、图 4-13(e)为旋转式封油环，它利用离心力作用甩掉从箱壁流下的油以及飞溅起来的油和杂质，其封油效果比固定式好，是最常用的封油装置。

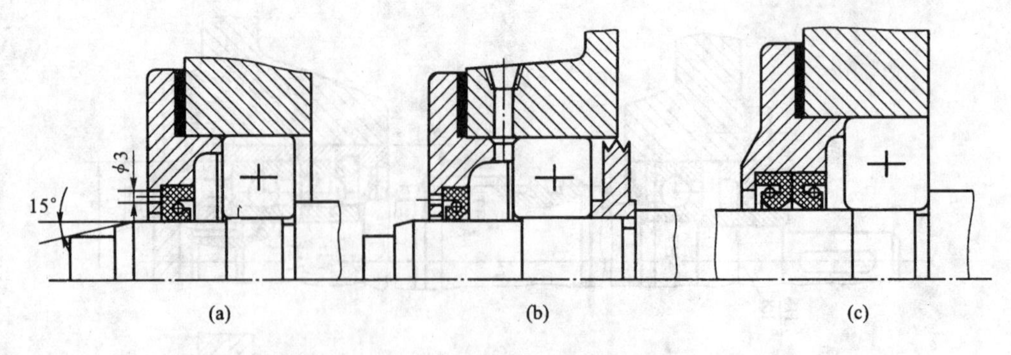

图 4-11　J 型橡胶油封的安装方向

封油环制成齿状，封油效果更好，其结构尺寸和安装方式参见图 4-13(f)。挡油环用于油润滑轴承，防止过多的油、杂质进入轴承室内以及啮合处的热油冲入轴承内，如图 4-14 所示。挡油环与轴承座孔之间应留有不大的间隙，以便让一定量的油能溅入轴承室进行润滑。还有一种类似于挡油环的装置——贮油环装置，如图 4-14(c)所示，其作用是使轴承室内保留适量的润滑油，常用于经常启动的油润滑轴承。贮油环高度以不超过轴承最低滚动体中心为宜。

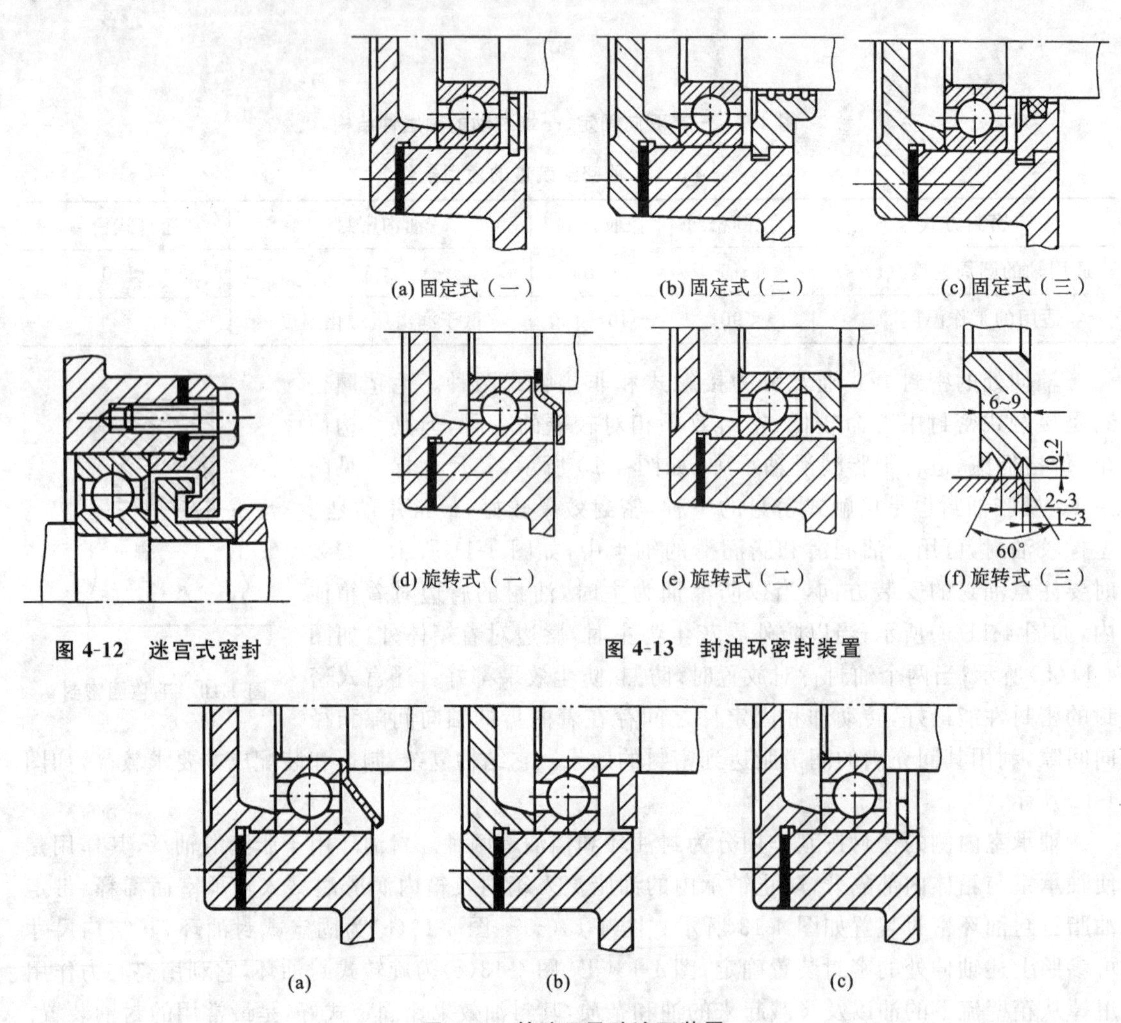

图 4-12　迷宫式密封

图 4-13　封油环密封装置

图 4-14　挡油环及贮油环装置

装配图设计第二阶段的具体设计内容如图4-15所示。

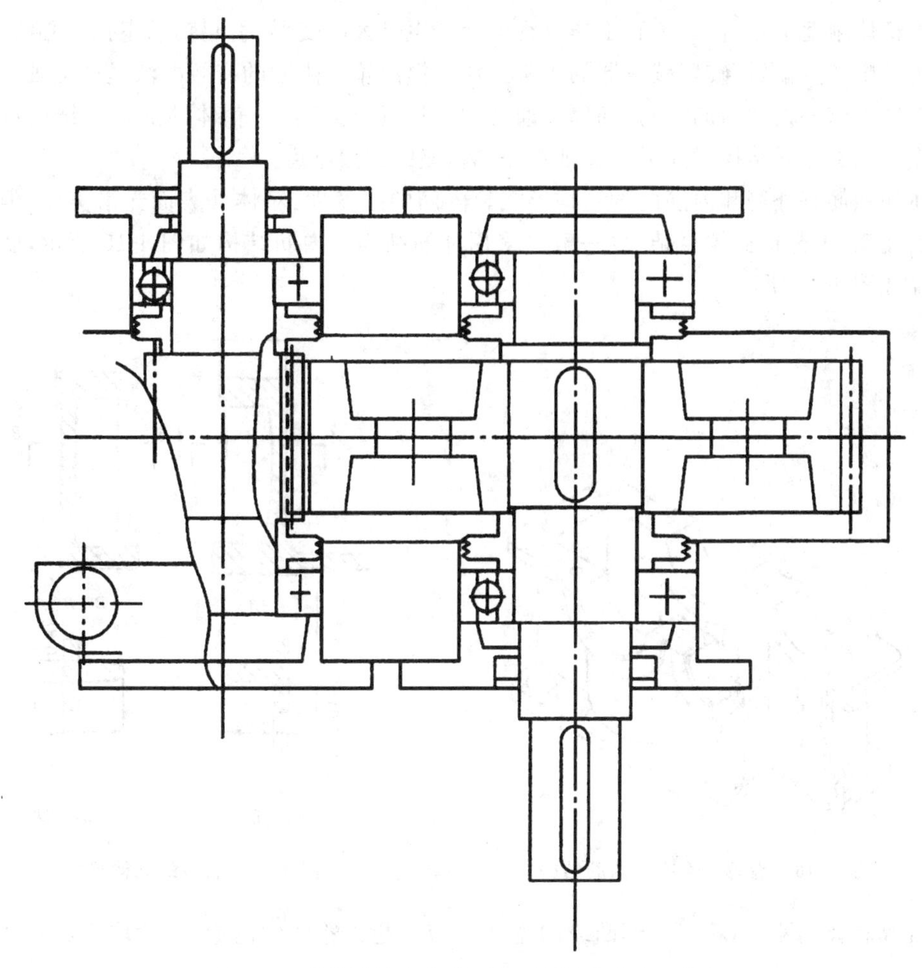

图4-15 单级圆柱齿轮减速器装配图设计第二阶段

4.4 装配图设计的第三阶段

第三阶段的主要任务是进行减速器的箱体及附件的设计。画图的顺序是先箱体后附件、先轮廓后细节，应该注意几个视图同时进行。附件的设计参考第3章减速器的附件，下面主要阐述减速器箱体的结构设计。

箱体是减速器的一个重要零件，它用于支承和固定减速器中的各种零件，并保证传动件的啮合精度，使箱内零件具有良好的润滑和密封。箱体的形状较为复杂，其重量约占整台减速器总重的30%～50%，所以箱体结构对减速器的工作性能、加工工艺、材料消耗、重量及成本等有很大影响，因此，对箱体设计必须给予足够重视。

减速器箱体根据其毛坯制造方法不同分为铸造箱体和焊接箱体，其中铸造箱体应用比较广泛，多采用灰铸铁HT150或HT200铸造。根据箱体剖分与否分为剖分式箱体和整体式箱体。为便于箱体内零件装拆，箱体多采用剖分式，其剖分面常通过轴心线。

进行减速器箱体的结构设计时应考虑以下几个方面的问题。

1. 箱体要有足够的刚度

如果箱体刚度不够，在加工和工作过程中会产生过大的变形，引起轴承座孔中心线歪斜，使齿轮在传动中产生偏斜，破坏减速器的正常工作。提高箱体刚度的有效办法是增加轴承座处的壁厚和在轴承座外设加强筋，加强筋厚度通常取壁厚的 0.85 倍。箱体的加强筋结构见图 3-1。当轴承座采用剖分式结构时还需要保证箱盖和箱座的连接刚度。

箱体加强筋有外筋和内筋两种结构形式。内筋的刚度大，箱体外表面光滑美观，但其阻碍润滑油的流动，工艺也比较复杂，故一般多采用外筋结构。内肋结构如图 4-16 所示，肋板的形状和尺寸如图 4-17 所示。

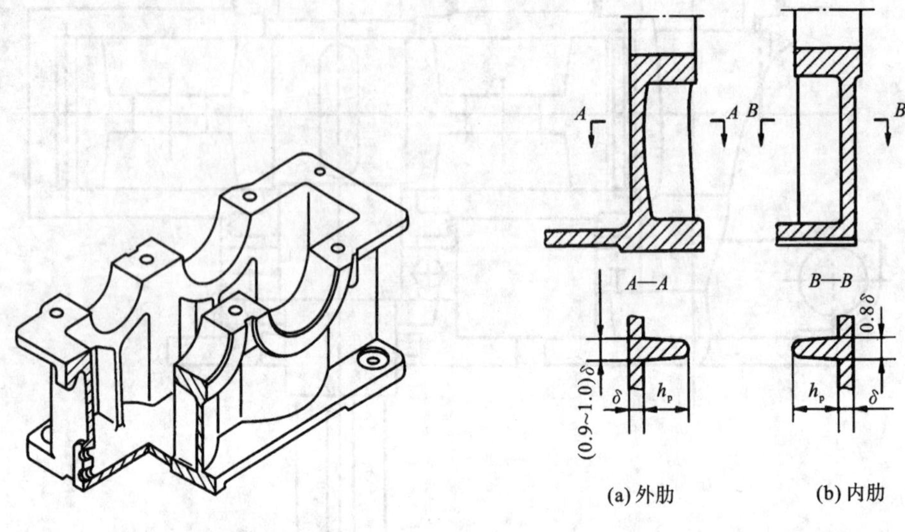

图 4-16　齿轮减速器的内肋结构

图 4-17　肋板的结构尺寸

为提高箱体的刚度，箱座底部凸缘的宽度 B 应该超出箱体的内壁，一般取 $B \geqslant \delta + C_1 + C_2$，如图 4-18 所示。

为了提高轴承座的连接刚度，座孔两侧的螺栓应尽量靠近，但要给端盖的螺钉孔留有足够的空间，为此轴承座附近应做出凸台，如图 4-19 所示。凸台要有一定的高度以给扳手留出足够的安装空间，但不能超过轴承座孔的外圆。为了便于加工，各轴承座的凸台高度应该一致，故应该先确定最大的轴承座的凸台尺寸。轴承两旁的螺栓距离 S 应该尽量小，一般取 $S=D$。对于有输油沟的箱体，应注意螺栓孔不要与输油沟相通，以免漏油。凸台的投影关系如图 4-20 所示。

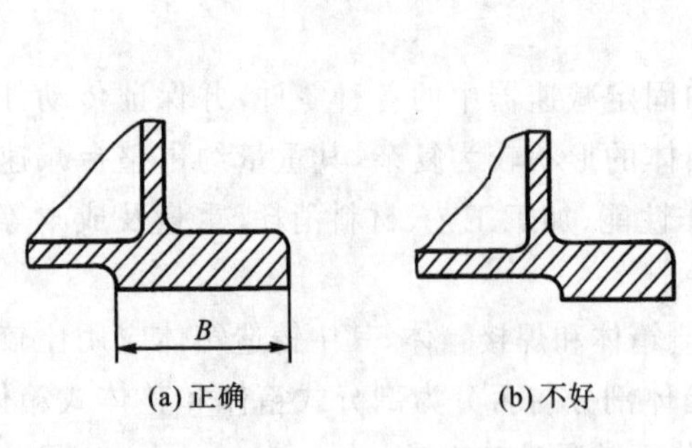

图 4-18　箱座底部凸缘与内壁的位置

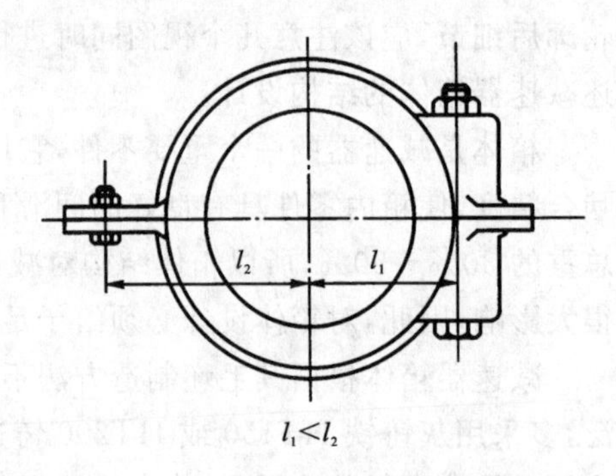

图 4-19　轴承座孔连接螺栓的位置

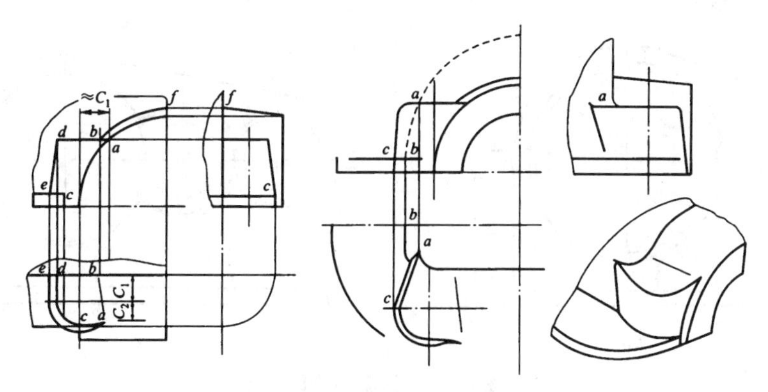

图 4-20 凸台的投影关系

2. 箱体要有可靠的密封且便于传动件的润滑

剖分式箱体要求接合面有良好的密封性，为此接合面要有足够的宽度。中小型减速器接合面凸缘上连接螺栓的间距取 100～150 mm，大型减速器可取 150～200 mm，并应尽量采用对称布置。为提高密封性，在接合面上制出回油沟，如图 4-21 所示，以使渗入接合面的油经回油沟重新流回箱体内部。根据加工方法不同，有不同的油沟形式，如图 4-22 所示。为了提高密封性有时也允许在剖分面间涂密封胶。

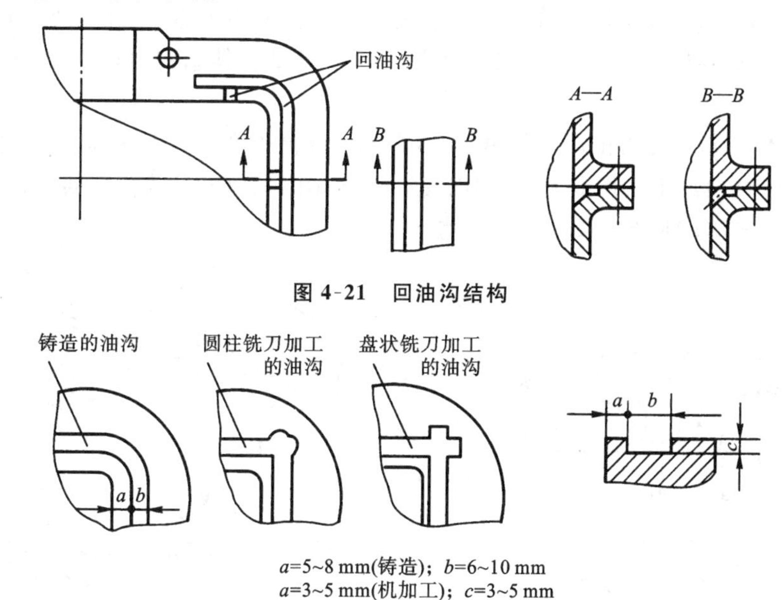

图 4-21 回油沟结构

图 4-22 油沟形状和尺寸

箱座高度 H 通常先按结构需要来确定，然后再验算是否能容纳按功率所需要的油量。如果不能，再适当加高箱座的高度。减速器工作时，一般要求齿轮不得搅起油池底的沉积物。这样要保证大齿轮齿顶圆到油池底面的距离为 30～50 mm，即箱体的高度 $H \geqslant d_{a2}/2+(30\sim50)+\delta+(3\sim5)$，并将其值圆整为整数，如图 4-23 所示。

3. 箱体结构要有良好的工艺性

良好的箱体结构工艺性对于提高加工精度和装配质量，提高劳动生产率和经济效益，以及便于检修维护等方面均有直接影响，故应特别注意。箱体的结构工艺性主要有以下两方面。

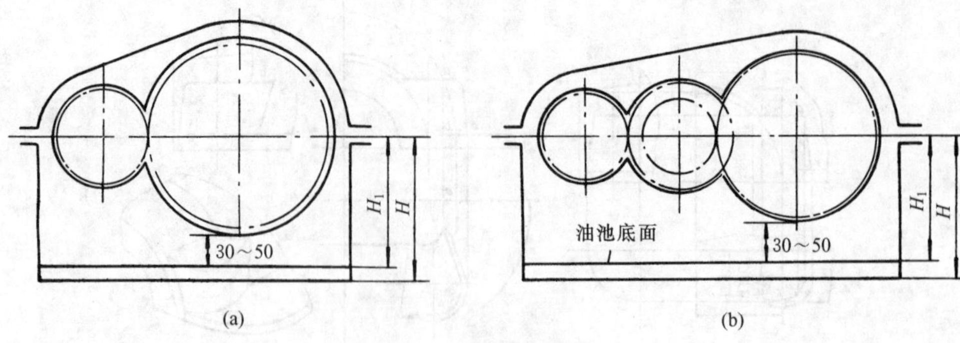

图 4-23　箱座高度的确定

1）铸造工艺性

在设计铸造箱体时，应考虑铸造工艺特点，力求形状简单、壁厚均匀、过渡平缓、金属不要有局部积聚。铸件的壁厚不能太薄，砂型铸造的圆角半径一般大于 5 mm。

为了避免因冷却不均匀而产生内应力、裂纹或缩孔等缺陷，箱体各部分的壁厚应力求均匀。在结构要求各处厚薄不等时，应由厚到薄采用平缓过渡结构。为了避免金属积聚，不能采用锐角相交的筋和壁。

为便于铸件造型，铸件结构形状应力求简单。为了造型时取模方便，铸件表面沿拔模方向应有 1∶10～1∶20 的拔模斜度。若相邻轴承座间两凸台相距太近（见图 4-24(a)），形成狭缝结构，则铸造砂型易碎裂，浇注时铁水难以流进，应采用连成一体结构为宜（见图 4-24(b)）。

2）机加工工艺性

设计箱体结构时，应尽可能减少机械加工面积，以提高生产率。图 4-25 为箱座底面的一些结构形式，图 4-25(a)加工面积太大，且难以支承平整；图 4-25(c)是较合理的结构；当底面较短时，也可采用图 4-25(b)或图 4-25(d)的结构。

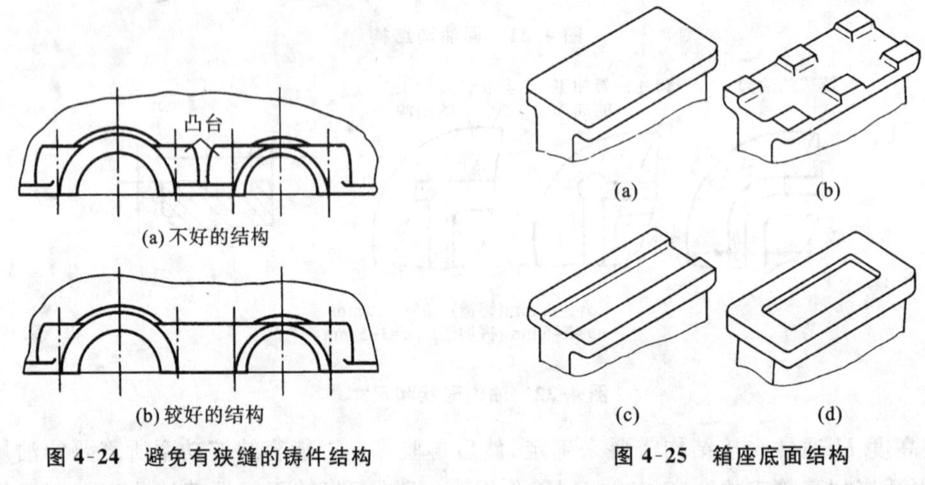

图 4-24　避免有狭缝的铸件结构　　　图 4-25　箱座底面结构

设计时要尽量减少工件和刀具的调整次数，以缩短加工时间和提高加工精度。例如同一轴心线的两个轴承座孔直径应尽量相等，以便一次镗孔和保证镗孔精度。箱体同侧外表的被加工面（如轴承座端面）应尽量位于同一平面上，以便一次加工。

箱体任何一处加工面与非加工面必须严格分开，例如图 4-26 所示箱盖上的窥视孔处需要加工，就应在孔周做凸出 3～5 mm 的凸台，将加工面与非加工面分开。另外通气器、油标和油塞等的接合面，与螺栓头部或螺母接触处都应该设计凸台（一般高度为 3～5 mm），也可将螺栓头部或螺母接触处锪出沉头座孔，如图 4-27 所示。

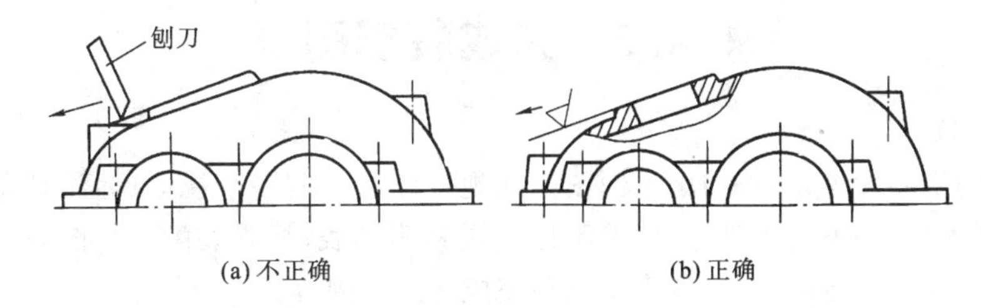

图 4-26 窥视孔凸台结构

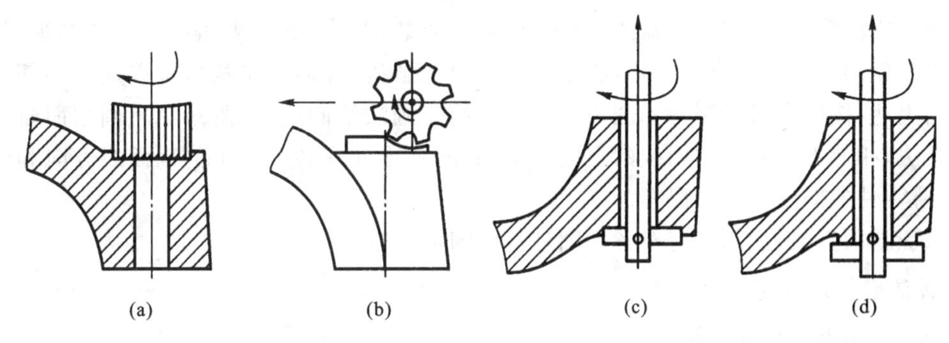

图 4-27 沉头座孔的加工方法

箱体设计完成后，减速器的装配草图也就画好了，图 4-28 为这一阶段单级圆柱齿轮减速器的装配图。

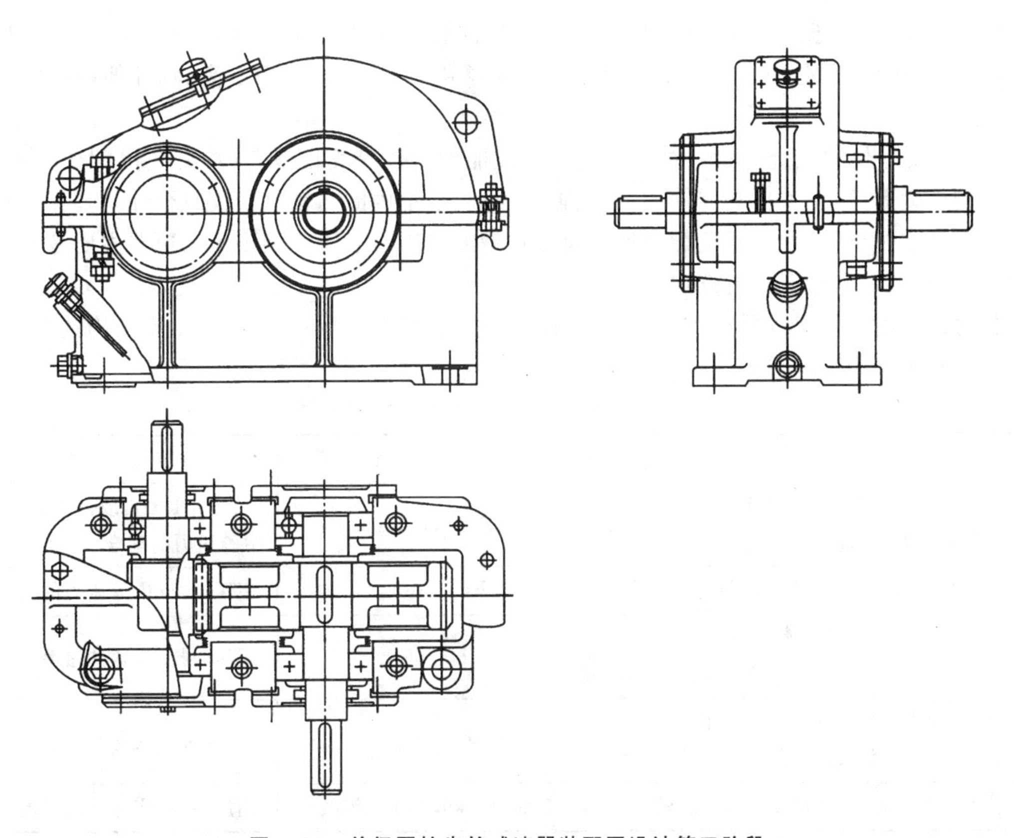

图 4-28 单级圆柱齿轮减速器装配图设计第三阶段

4.5 完成装配图

这一阶段的主要内容是：按照国家制图标准规定画法绘制各个视图；标注必要的尺寸和配合关系；编写技术要求；编写零件序号；编制标题栏和明细表；检查装配工作图等。这一阶段是最终完成课程设计的关键阶段，应认真检查和完成每一项内容。

1. 绘图要求

绘制时应注意：尽量将减速器的工作原理和主要装配关系集中表达在一个基本视图上；装配图上应避免用虚线表示零件结构，必须表达的内部结构（如附件结构），可以通过局部剖视图或向视图表达；按国家机械制图标准规定画法与简化画法绘制（参见附录 A）；画剖面时注意剖面线的画法，相邻不同零件剖面线的方向应不同，同一零件在各视图上的剖面线方向和间距应一致，很薄零件的剖面可以涂黑等。

为保证图面整洁，加深前应对各视图进行仔细检查与修改。

2. 标注必要尺寸与配合关系

装配工作图上应标注的尺寸如下：

(1) 特性尺寸　特性尺寸即反映减速器技术性能的尺寸，如传动零件的中心距及其偏差。

(2) 外形尺寸　外形尺寸即反映减速器所占空间位置的尺寸，供包装运输及安装时参考，如减速器的总长、总宽和总高。

(3) 安装尺寸　安装尺寸即与支承件、外接零件联系的尺寸，如箱座底面尺寸（包括底座的长、宽、厚）、地脚螺栓孔中心线的定位尺寸及其直径和间距、减速器中心高、轴外伸端的配合长度和直径等。

(4) 主要零件的配合尺寸　对于影响运转性能和传动精度的零件，应标注出配合尺寸、配合性质和精度等级，例如传动零件与轴、联轴器与轴、轴承内圈与轴，以及轴承外圈、套杯与箱体轴承座孔等相配合处，均应标注配合尺寸及配合精度等级。表 4-4 列出了减速器主要零件的荐用配合，应根据具体情况进行选用。

标注尺寸时应使尺寸排列整齐、标注清晰，多数尺寸应尽量布置在反映主要结构的视图上，并应尽量布置在视图的外面。标注配合时，应优先采用基孔制。

表 4-4　减速器主要零件的荐用配合

配合零件	荐用配合精度	装配方法
大中型减速器的低速齿轮（蜗轮）与轴的配合，轮缘与轮芯的配合	H7/r6，H7/s6	用压力机或温差法（中等压力的配合；小过盈配合）
一般齿轮、蜗轮、带轮、联轴器与轴的配合	H7/r6	用压力机（中等压力的配合）
要求对中性良好及很少装拆的齿轮、蜗轮、联轴器与轴的配合	H7/n6	用压力机（较紧的过渡配合）
小锥齿轮及较常拆卸的齿轮、蜗轮、联轴器与轴的配合	H7/s6，H7/k6	手锤打入（过渡配合）
滚动轴承内圈与轴的配合（内圈旋转）	j6（轻载荷），k6，m6（中等载荷）	用压力机（实际为过盈配合）

续表

配合零件	荐用配合精度	装配方法
滚动轴承外圈与箱体孔的配合(外圈不旋转)	H7,H6(精度要求过高时)	木槌或徒手装拆
轴承套杯与箱座孔的配合	H7/h6	用木槌或徒手装拆

3. 写出减速器的技术特性

应在装配图上的适当位置写出或用表格形式列出减速器的技术特性。内容一般包括输入功率和转速、总传动比和各级传动比、传动特性等,其具体内容与格式参见表4-5。

表4-5 技术特性

输入功率/kW	输入转速/(r/min)	总传动比 i	效率 η	传动特性				
				第一级				
				β	m_n	齿数		精度等级
						z_1/z_2		

4. 编写技术要求

装配工作图的技术要求是用文字说明在视图上无法表达的有关装配、调整、检验、润滑、维护等方面的内容,正确判定技术要求有助于保证减速器的各种工作性能。

装配工作图的主要技术要求通常包括如下内容。

1) 对零件的表面要求

装配前所有合格的零件要用煤油或汽油清洗,箱体内不允许有任何杂物存在,箱体内壁应涂上防蚀涂料,箱体不加工表面应涂以某种颜色的油漆。

2) 对润滑剂的要求

润滑剂对减少运动副间的摩擦、降低磨损和散热冷却起着重要作用,同时也有减振、防锈的功能。技术要求中应写明所采用润滑剂的牌号、油量和更换时间等。关于传动件与轴承所用润滑剂的选择参见第3章、附录H和有关机械设计教材。润滑油一般半年左右要更换一次。若轴承用润滑脂润滑,则润滑脂一般以填充轴承空隙体积的1/3~1/2为宜。

3) 对传动侧隙量和接触斑点的要求

齿轮和蜗杆传动的传动件啮合时,非工作齿面间应留有侧隙,用以防止齿轮副或蜗轮副因误差和热变形而使轮齿卡住,并为齿面间形成油膜留有空间,保证轮齿的正常润滑条件。传动侧隙和接触斑点的要求是根据传动件的精度等级确定的,查出后标注在技术要求中,供装配时检查用。

检查侧隙可以用塞尺或压铅丝法进行。检查接触斑点的方法是在主动件齿面上涂色,并将其转动,观察从动件齿面着色情况,由此分析接触区的位置及接触面积的大小。当侧隙及接触斑点不符合要求时,可对齿面进行刮研、跑合或调整传动件的啮合位置。

4) 对滚动轴承的轴向间隙(游隙)的要求

在安装和调整滚动轴承时,必须保证一定的轴向游隙,否则会影响轴承的正常工作。对于固定间隙的深沟球轴承,一般应留有Δ=0.25~0.40 mm的轴向间隙。对于可调间隙轴承,其轴向间隙可由《机械设计手册》查出。轴向间隙的调整,可用垫片或螺钉来实现。

5）对减速器的密封要求

在箱体剖分面、各接触面及密封处均不允许出现漏油和渗油现象。剖分面上允许涂密封胶或水玻璃，但不允许塞入任何垫片或填料。轴伸处密封应涂上润滑脂。

6）对减速器的试验要求

减速器装配后，应做空载试验和负载试验。空载试验是在额定转速下，正、反转各 1～2 h，要求运转平稳、噪声小、连接不松动、不漏油、不渗油等。负载试验是在额定转速和额定功率下进行，要求油池温升不超过 35 ℃，轴承温升不超过 40 ℃。

7）对外观、包装及运输要求

箱体表面应涂漆，外伸轴及零件需涂油并包装严密，运输和装卸时不可倒置。

5. 编写零件序号

为便于读图、装配和进行生产准备工作，必须对装配图上每个不同零件进行编号。

零件编号应符合机械制图标准的有关规定。零件编号方法，可以采用标准件和非标准件统一编号，也可以把标准件和非标准件分开，分别编号。

零件编号要完整且不重复。对相同零件和独立部件只能有一个编号。

编号应安排在视图外边，并沿水平方向及垂直方向，按顺时针或逆时针方向顺序排列整齐。编号引线不能相交，并尽量不与剖面线平行。对于装配关系清楚的零件组（如螺栓、螺母及垫圈）可以采用公共引线，如图 4-29 所示。

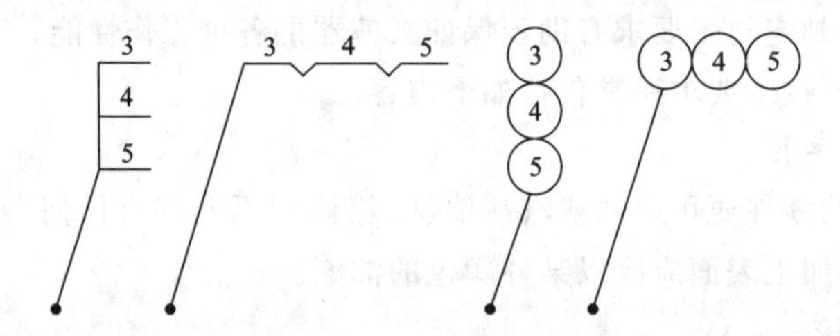

图 4-29 公共引线编号方法

6. 编制零件明细表及标题栏

明细表是减速器所有零部件的详细目录。应注明各零件的编号、名称、数量、材料、标准规格等。明细表应自下而上按顺序填写，对标准件需按规定标记书写，材料应注明牌号。

标题栏应布置在图纸的右下角，用以说明减速器的名称、视图比例、件数、重量和图号等。

机械设计课程设计中所采用的标题栏和明细表如图 4-30 和图 4-31 所示。

<table>
<tr><td colspan="4" rowspan="2">(装配图或零件图名称)</td><td>比例</td><td></td><td>图号</td><td></td></tr>
<tr><td>数量</td><td></td><td>材料</td><td></td></tr>
<tr><td>设计</td><td></td><td>(日期)</td><td rowspan="3" colspan="3">(课程名称)</td><td rowspan="3">(校名班号)</td></tr>
<tr><td>绘图</td><td></td><td></td></tr>
<tr><td>审阅</td><td></td><td></td></tr>
</table>

尺寸：上方 15、20、15、30；下方 15、35、15、35、(45)，总长 150；左侧 (14)、7、7、7；右侧 7、7、35

图 4-30 标题栏格式

……	……	……	……	……	……
02	滚动轴承 7210 C	2		GB/T 292—2007	
01	箱座	1	HT200		
序号	名称	数量	材料	标准	备注
10	45	10	20	40	(25)

（行高：7，7，10；总宽：150）

图 4-31 明细表格式

7. 检查装配工作图

完成装配工作图后，应再做一次仔细检查，其主要内容如下：

(1) 视图数量是否足够，能否清楚地表达减速器的工作原理和装配关系；

(2) 各零部件的结构是否正确合理，加工、装拆、调整、维护、润滑等是否可行和方便；

(3) 尺寸标注是否正确，配合和精度选择是否适当；

(4) 技术要求、技术特性是否完善、正确；

(5) 零件编号是否齐全，标题栏和明细表是否符合要求，有无多余和遗漏；

(6) 制图是否符合国家制图标准。

第 5 章 减速器零件工作图的设计与绘制

零件工作图即零件图，是制造、检验零件及制订工艺规程的重要技术资料。它既反映设计者的意图，又考虑制造的可行性和合理性。故应包含制造、检验零件所需要的全部内容，如足够的视图，正确的尺寸标注，必要的尺寸公差、形位公差，所有加工表面的表面粗糙度及技术要求等。

在机械设计课程设计中，主要绘制轴和齿轮的零件工作图。设计、绘制零件图有如下要求：

1. 正确选择和合理布置视图

用尽可能少的视图、剖视图、断面图及其他机械视图中的规定画法，清晰地表达零件内外部的结构形状，并用 1∶1 的绘图比例增加真实感。零件图的结构和尺寸应与装配图一致。

2. 合理标注尺寸

标注尺寸时应选择正确的尺寸基准，尺寸标注要清晰、不封闭、不重复、无遗漏。应以一主要视图的尺寸为主，同时辅以其他视图的标注。对于配合尺寸和要求较高的尺寸，应标注尺寸的极限偏差，并根据不同的使用要求，标注表面形状公差和位置公差；所有加工表面都应标明表面粗糙度。

3. 编写技术要求

零件在制造、检验或者作用上应达到一定的要求，当不使用规定的符号标注时，可集中书写在图纸的右下角。它的内容广泛，需视具体零件的要求而定。

4. 画零件图的标题栏

标题栏应注明图号，零件的名称、材料、绘图比例等。

5.1 轴类零件工作图的设计与绘制

1. 视图选择

轴类零件一般只需一个视图即可将其结构表达清楚。对于轴上的键槽、孔等结构，可用必要的局部剖面图或剖视图来表达。轴上的退刀槽、越程槽、中心孔等细小结构可用局部放大图来表达。

2. 尺寸标注

轴类零件应标注各轴段的直径、长度、键槽等尺寸。

1）径向尺寸标注

各轴段的直径必须逐一标注，即使直径完全相同的各轴段处也不能省略。凡是有配合关系的轴段应根据装配图上所标注的尺寸及配合类型来标注直径及其公差。

2）轴向尺寸标注

轴的轴向尺寸标注，首先应正确选择基准面，尽可能使尺寸标注符合轴的加工工艺和测量要求，不允许出现封闭尺寸链。如图5-1所示轴的长度尺寸标注以齿轮定位轴肩（Ⅱ）为主要标注基准，以轴承定位轴肩（Ⅲ）及两端面（Ⅰ、Ⅳ）为辅助基准，其标注方法基本上与轴在车床上的加工顺序相符合。

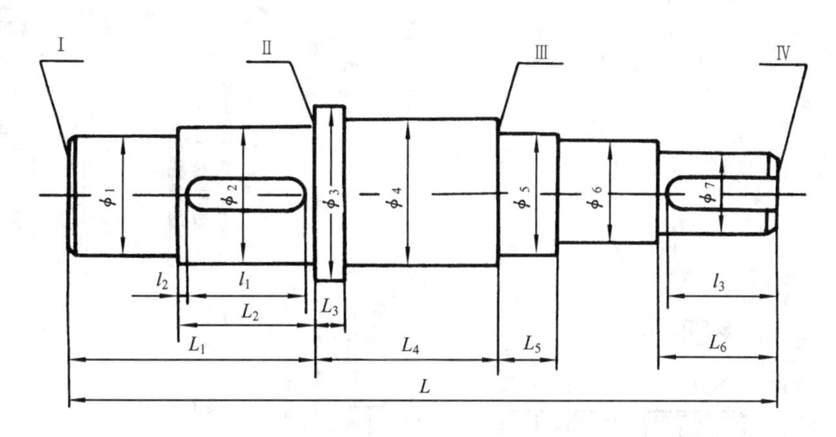

图5-1 轴的长度尺寸正确标注方法

3. 尺寸公差及几何公差标注

普通减速器中，轴的长度尺寸一般不标注尺寸公差，对于有配合要求的直径应按装配图中选定的配合类型标注尺寸公差。

在轴的零件图上应标注必要的几何公差，以便保证轴的加工精度，从而保证减速器的装配质量和工作性能。普通减速器中，轴类零件推荐标注项目可参考表5-1选取，标注方法如图5-2所示，其他标注参考《机械设计手册》。

表5-1 轴类零件几何公差推荐标注项目

公差类别	标注项目	符号	精度等级	对工作性能的影响
形状公差	与传动零件相配合圆柱表面的圆柱度	⌭	7～8	影响传动零件及滚动轴承与轴配合的松紧、对中性及几何回转精度
	与滚动轴承相配合轴颈表面的圆柱度		5～6	
方向公差	滚动轴承定位端面的垂直度	⊥	6～8	影响轴承定位及受载均匀性
位置公差	平键键槽两侧面的对称度	⌯	5～7	影响键受载均匀性及装拆
	与传动零件相配合圆柱表面的同轴度	◎	5～7	
跳动公差	与传动零件相配合圆柱表面的径向圆跳动	↗	6～7	影响传动零件、滚动轴承的安装及回转同心度，以及齿轮轮齿载荷分布的均匀性
	与滚动轴承相配合轴颈表面的径向圆跳动		5～6	
	齿轮、联轴器、滚动轴承等零件定位端面的端面圆跳动		6～7	

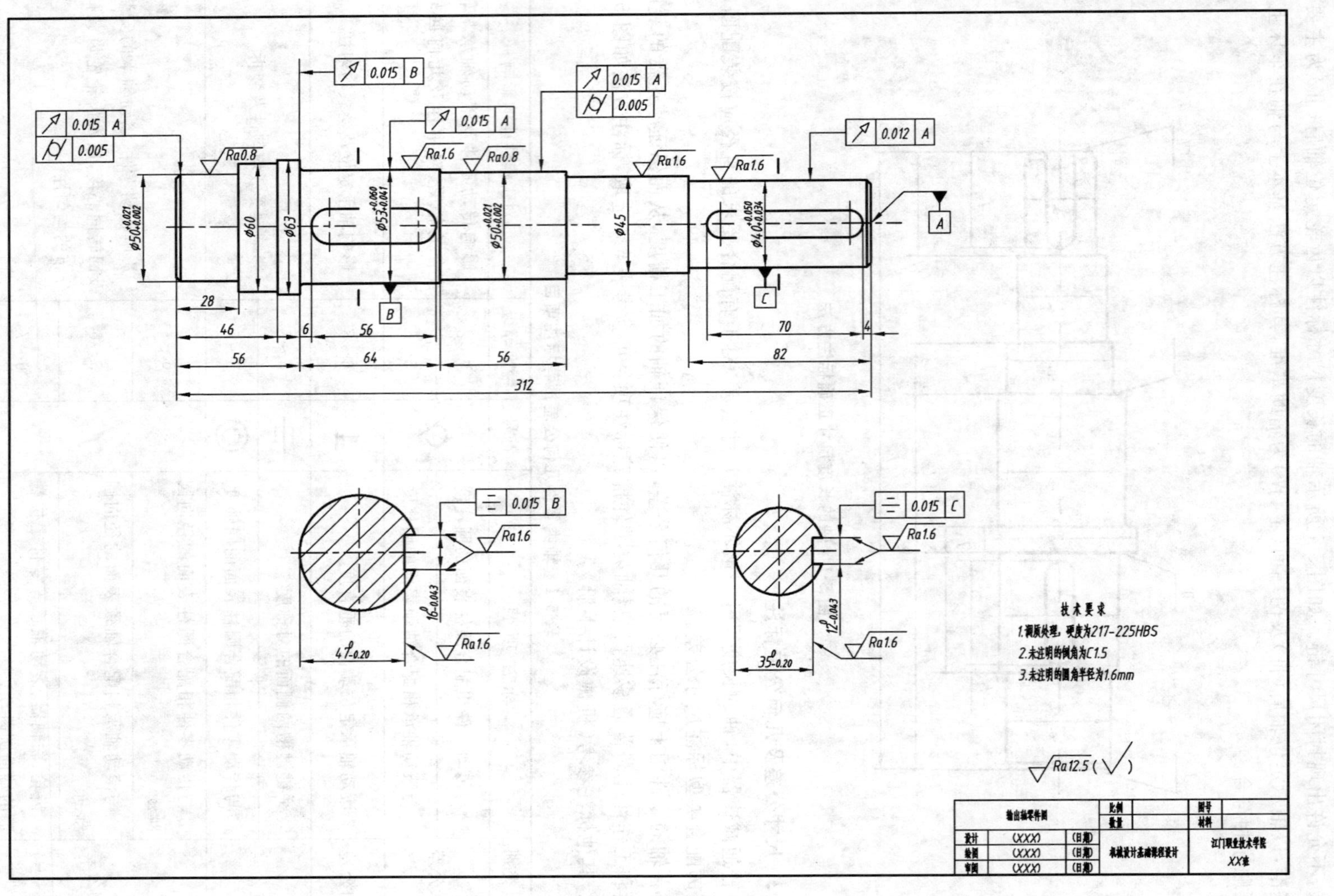
0.015 A
0.005
0.015 B
0.015 A
0.015 A
0.005
0.012 A
Ra0.8
Ra1.6
Ra0.8
Ra1.6
Ra1.6
Ø60
Ø63
Ø45
A
B
C
28
46
6
56
56
64
56
70
4
82
312
0.015 B
Ra1.6
Ra1.6
0.015 C
Ra1.6
Ra1.6
技术要求
1.调质处理，硬度为217-225HBS
2.未注明的倒角为C1.5
3.未注明的圆角半径为1.6mm
Ra12.5
输出轴零件图
(XXX)
(XXX)
(XXX)
XX班

图 5-2 输出轴零件图

4. 表面粗糙度标注

零件所有表面(包括非加工的毛坯表面)均应注明表面粗糙度。轴的各部分精度要求不同，则加工方法也不同，故其表面粗糙度也不应该相同。轴的各加工表面的表面粗糙度由表 5-2 选取，标注方法如图 5-2 所示。

5. 技术要求

轴类零件的主要技术要求如下：

(1) 对材料及表面性能要求，如热处理方法、硬度、渗碳深度及淬火深度等。

(2) 对轴的加工要求，如：是否保留中心孔，若保留中心孔，应在零件图上画出中心孔或按国家标准加以说明；是否与其他零件一起配合加工，如配钻或配铰等，若有要求也应加以说明。

(3) 对图中未注明的倒角、圆角尺寸说明及其他特殊要求，如个别部位有修饰加工要求、对长轴有校直毛坯要求等。

图 5-2 所示为轴类零件工作图示例，供设计时参考。

表 5-2 轴加工表面粗糙度荐用值

<table>
<tr><th colspan="2">加工表面</th><th colspan="4">表面粗糙度 Ra 的推荐值</th></tr>
<tr><td rowspan="2">与滚动轴承相配合的</td><td>轴颈表面</td><td colspan="4">1.6～0.8(轴承内径 d≤80 mm)，3.2～1.6(轴承内径 d>80 mm)</td></tr>
<tr><td>轴肩端面</td><td colspan="4">3.2～1.6</td></tr>
<tr><td rowspan="2">与传动零件、联轴器相配合的</td><td>轴头表面</td><td colspan="4">3.2～0.8</td></tr>
<tr><td>轴肩端面</td><td colspan="4">3.2～1.6</td></tr>
<tr><td rowspan="2">平键键槽的</td><td>工作面</td><td colspan="4"><1.6</td></tr>
<tr><td>非工作面</td><td colspan="4"><6.3</td></tr>
<tr><td colspan="2" rowspan="4">密封轴段表面</td><td colspan="2">毡圈密封</td><td>橡胶密封</td><td>间隙或迷宫密封</td></tr>
<tr><td colspan="3">与轴接触处的圆周速度 v/(m/s)</td><td rowspan="3">3.26～1.6</td></tr>
<tr><td>≤3</td><td>>3～5</td><td>>5～10</td></tr>
<tr><td>3.2～1.6</td><td>0.8～0.4</td><td>0.4～0.2</td></tr>
</table>

5.2 齿轮类零件工作图的设计与绘制

齿轮类零件包括齿轮、蜗轮、蜗杆，这里主要对齿轮进行说明。此类零件工作图除轴类零件工作图的上述要求外，还应有供加工和检验用的啮合特性表。

1. 视图选择

齿轮类零件一般可用两个视图(主视图和左视图)表示。主视图主要表示轮毂、轮缘、轴孔、键槽等结构；左视图主要反映轴孔、键槽的形状和尺寸。左视图可画出完整视图，也可只画出局部视图。

2. 尺寸及公差标注

1) 尺寸标注

齿轮为回转体，当切削齿轮的轮齿时，应以其轴线为基准标注径向尺寸，以端面为基准标注轴向宽度尺寸。

齿轮的分度圆直径是设计计算的基本尺寸，齿顶圆直径、轴孔直径、轮毂直径、轮辐（或辐板）等是齿轮生产加工中不可缺少的尺寸，均必须标注。其他如圆角、倒角、锥度、键槽等尺寸，应做到既不重复标注，又不遗漏。

2）公差标注

齿轮的轴孔和端面是齿轮加工、检验、安装的重要基准。轴孔直径应按装配图的要求标注尺寸公差及形状公差（如圆柱度）。齿轮两端面应标注跳动公差。

圆柱齿轮常以齿顶圆作为齿面加工时定位找正的工艺基准或作为检验齿厚的测量基准，应标注齿顶圆尺寸公差和跳动公差，各公差标注方法如图 5-3 所示。

3. 表面粗糙度的标注

齿轮类零件各加工表面的表面粗糙度可由表 5-3 选取，标注方法如图 5-3 所示。

表 5-3　齿(蜗)轮加工表面粗糙度荐用值

加工表面		齿轮精度等级			
		6	7	8	9
轮齿工作面(齿面)	Ra 推荐值/μm	1.0～0.8	1.6～1.25	2.5～2.0	4.0～3.2
	齿面加工方法	磨齿或珩齿	高精度滚、插齿或磨齿	精滚或精插齿	一般滚齿或插齿
齿顶圆柱面	作基准/μm	1.6	3.2～1.6	3.2	6.3～3.2
	不作基准/μm	12.5～6.3			
齿轮基准孔/μm		1.6～0.8	1.6～0.8	3.2～1.6	6.3～3.2
齿轮轴的轴颈/μm					
齿轮基准端面/μm		1.6	3.2	3.2	3.2
平键键槽	工作面/μm	1.6～3.2			
	非工作面/μm	6.3～12.5			
其他加工表面/μm		6.3～12.5			

4. 啮合特性表

在齿(蜗)轮零件工作图的右上角应列出啮合特性表（见图 5-3）。其内容包括：齿轮基本参数（z、m_n、α_n、β、x 等）、精度等级、相应检验项目及其偏差（如 f_{pt}、F_p、F_α、F_β、F_r）。它们的具体数值参见相关的齿轮精度国家标准（如 GB/T 10095.1—2008、GB/T 10095.2—2008）。

5. 技术要求

（1）对铸件、锻件等毛坯件的要求。

（2）对齿(蜗)轮材料机械性能、表面性能（如热处理方法、齿面硬度等）的要求。

（3）对未注明的圆角、倒角尺寸或其他的必要说明（如对大型或高速齿轮的平衡检验要求等）。

图 5-3 所示为齿轮零件工作图示例，供设计时参考。

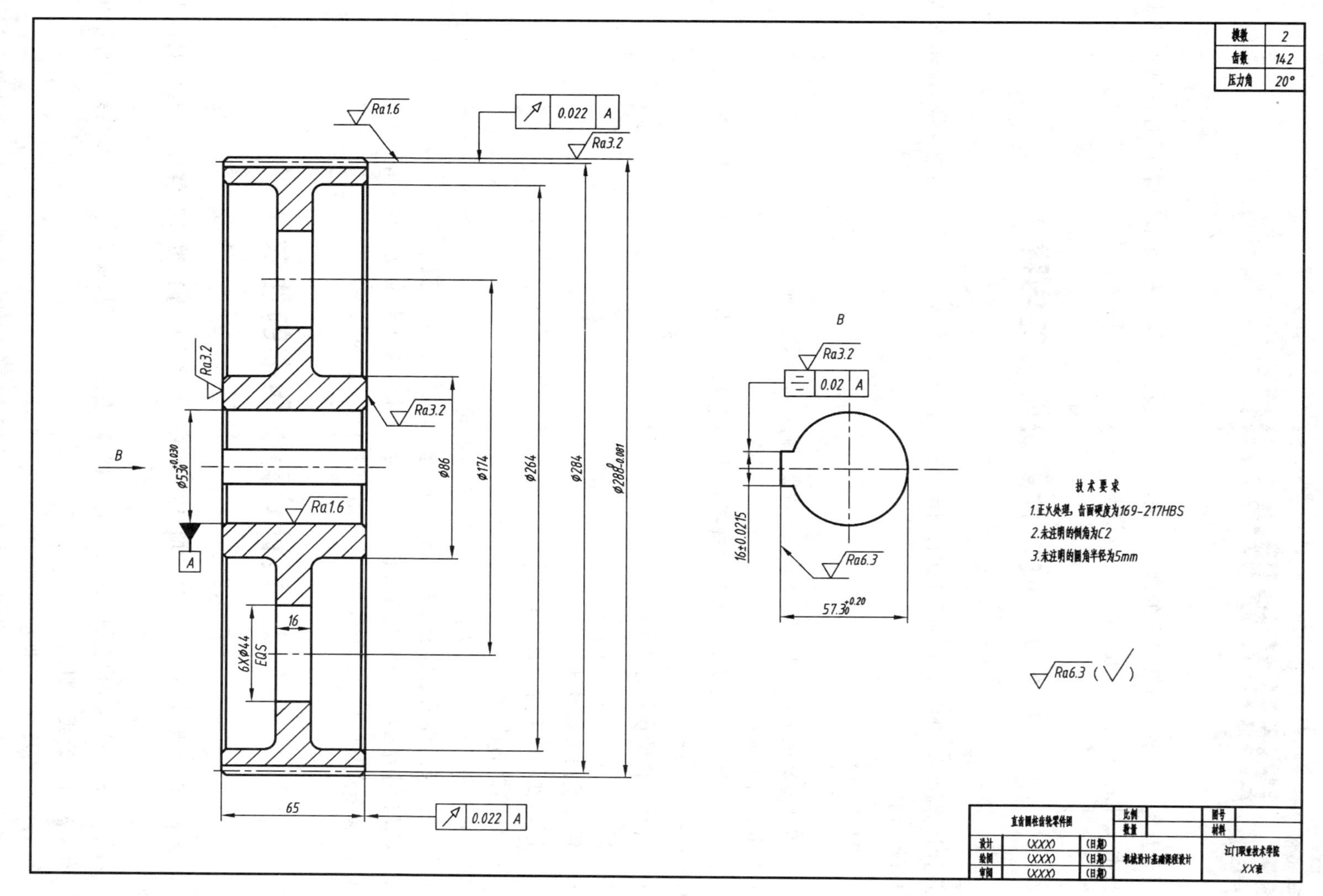

图 5-3 直齿圆柱齿轮零件图

第6章 设计计算说明书的编写

设计计算说明书是图纸设计的理论依据，是整个设计计算的整理和总结，同时也是审核设计的技术文件之一。因此，编写设计计算说明书是设计工作的重要环节。

6.1 设计计算说明书的内容

设计计算说明书的内容针对不同的设计课题而定，机械传动装置设计类的课题，说明书大致包括以下内容：

(1) 目录(标题、页码)；

(2) 设计任务书；

(3) 传动方案的分析与拟订(提供简要说明，附传动方案简图)；

(4) 电动机的选择计算；

(5) 传动装置的运动及动力参数的选择和计算(包括分配各级传动比，计算各轴的转速、功率和转矩)；

(6) 传动零件的设计计算；

(7) 轴的设计计算；

(8) 键连接的选择及计算；

(9) 滚动轴承的选择及计算；

(10) 联轴器的选择；

(11) 润滑和密封方式的选择，润滑油和牌号的确定；

(12) 箱体及附件的结构设计和选择(装配、拆卸、安装时的注意事项)；

(13) 设计小结(简要说明对课程设计的体会、设计的优缺点及改进意见等)；

(14) 参考资料(资料编号、作者、书名、出版单位、出版时间等)。

6.2 设计计算说明书的要求

对设计计算说明书，应在所有计算项目及所有图纸完成后进行编号和整理，且应满足以下要求：

(1) 计算部分只需列出公式，代入有关数据，略去演算过程，最后写出计算结果并标明单位，应有简短的结论或说明；

(2) 计算公式及重要数据应注明来源；

(3) 应附有与计算有关的必要简图(如传动方案简图及轴的结构图、受力图、弯矩图和转矩图等)；

(4) 所有计算中所使用的参量符号和脚标，必须统一。

设计计算说明书一般用 16 开纸按合理的顺序及规定格式用钢笔书写，做到文字简明、计算正确、图形清晰、书写整洁，并标出页码、编好目录，最后加封面装订成册。

6.3 设计计算说明书的书写格式举例

设计计算说明书的书写格式如图 6-1 所示。

计算与说明	主要结果
…… 七、轴的设计计算 1. 高速轴的设计计算 …… 2. 中间轴的设计计算 (1) 轴的受载简图如图 6-2(a)所示。 …… …… (2) 轴的受力图、弯矩图如图 6-2(b)～图 6-2(e)所示。 H 平面：$M_{H2}=100\ R_{HC}=[100\times(-6\ 666.7)]\ \mathrm{N\cdot mm}$ $=-666\ 670\ \mathrm{N\cdot mm}$ …… V 平面：$M_{V2左}=100R_{VC}=100\times(-668.6)\ \mathrm{N\cdot mm}$ $=-66\ 860\ \mathrm{N\cdot mm}$ …… 合成弯矩： $M_{2左}=\sqrt{M_{H2}^2+M_{V2左}^2}=\sqrt{666\ 670^2+66\ 860^2}\ \mathrm{N\cdot mm}=670\ 014\ \mathrm{N\cdot mm}$ ……	$M_{2左}=670\ 014\ \mathrm{N\cdot mm}$

图 6-1 设计计算说明书的书写格式

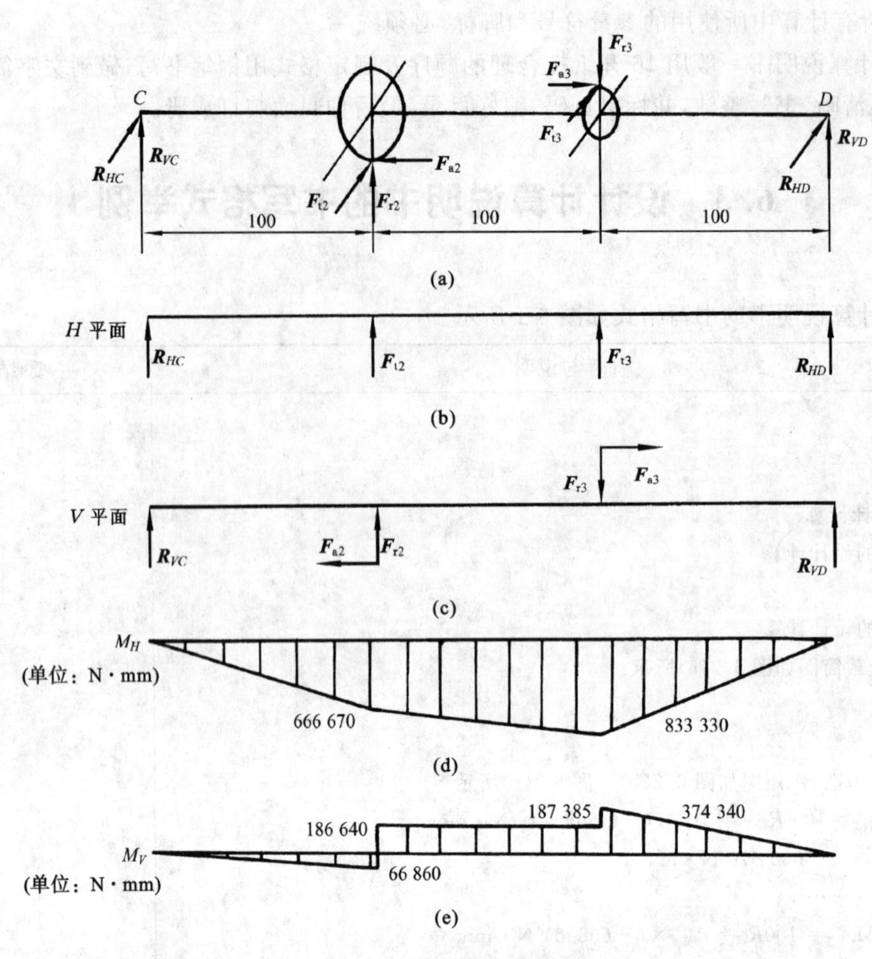

图 6-2　中间轴的计算简图

第7章 答辩准备和设计总结

7.1 答辩准备

答辩是课程设计的最后一个环节。答辩前，要求设计者系统地回顾和复习下面的内容：方案确定、受力分析、承载能力计算、主要参数的选择、零件材料的选择、结构设计、设计资料和标准的运用及工艺性、使用维护等各方面的知识。总之，通过准备进一步把问题弄懂、弄通，扩大设计中的收获，掌握设计方法，提高分析和解决工程实际问题的能力，以达到课程设计的目的和要求。

答辩前，应将装订好的设计计算说明书、叠好的图纸一起装入袋内，准备进行答辩。

7.2 设计总结

课程设计总结是对整个设计过程的系统总结。在完成全部图纸及编写设计计算说明书任务之后，对设计计算和结构设计进行优缺点分析，特别是对不合理的设计和出现的错误做出一一剖析，并提出改进的设想，从而提高自己的机械设计能力。

在进行课程设计总结时，建议从以下几个方面进行检查与分析。

（1）以设计任务书的要求为依据，分析设计方案的合理性、设计计算及结构设计的正确性，评价自己的设计结果是否满足设计任务书的要求。

（2）认真检查和分析自己设计的机械传动装置部件的装配工作图、主要零件的零件工作图及设计计算说明书等。

（3）对装配工作图，应着重检查和分析轴系部件、箱体及附件设计在结构、工艺性及机械制图等方面是否存在错误。对零件工作图，应着重检查和分析尺寸及公差标注、表面粗糙度标注等方面是否存在错误。对设计计算说明书，应着重检查和分析计算依据是否准确可靠、计算结果是否准确。

（4）通过课程设计，总结自己掌握了哪些设计的方法和技巧，在设计能力方面有哪些明显的提高，今后的设计中在提高设计质量方面还应注意哪些问题。

附录

附录A 一般标准与规范

A1. 国内的部分标准代号

表 A-1 国内的部分标准代号

代 号	含 义	代 号	含 义
GB	强制性国家标准	YB	黑色冶金行业标准
GB/T	推荐性国家标准	YS	有色冶金行业标准
JB	机械行业标准	FJ	原纺织工业标准
JB/ZQ	原机械部重型矿山标准	FZ	纺织行业标准
HG	化工行业标准	QB	原轻工行业标准
SH	石油化工行业标准	TB	铁道行业标准
SY	石油天然气行业标准	QC	汽车行业标准
/Z	指导性技术文件		

A2. 图纸幅面、比例、标题栏及明细栏

表 A-2 图纸幅面(GB/T 14689—2008 摘录) (mm)

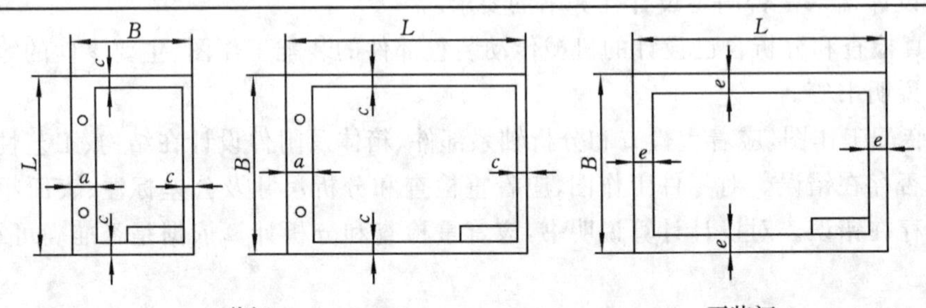

装订 不装订

幅面代号	A0	A1	A2	A3	A4
$B\times L$	841×1189	594×841	420×594	297×420	210×297
c	10			5	
a	25				
e	20		10		

注:①表中为基本幅面的尺寸;

②必要时可以将表中幅面的边长加长,成为加长幅面,它是由基本幅面的短边成整数倍增加后得出的;

③加长幅面的图框尺寸,按所选用的基本幅面大一号的图框尺寸确定。

表 A-3　比例(GB/T 14690—1993 摘录)

原值比例	1∶1
缩小比例	(1∶1.5)　1∶2　(1∶2.5)　(1∶3)　(1∶4)　1∶5　(1∶6)　1∶10 (1∶1.5×10^n)　1∶2×10^n　(1∶2.5×10^n)　(1∶3×10^n) (1∶4×10^n)　1∶5×10^n　(1∶6×10^n)　1∶1×10^n
放大比例	2∶1　(2.5∶1)　(4∶1)　5∶1　1×10^n∶1 2×10^n∶1　(2.5×10^n∶1)　(4×10^n∶1)　5×10^n∶1

注：①绘制同一机件的一组视图时应采用同一比例，当需要用不同比例绘制某一视图时，应当另行标注；

②当图形中孔的直径或薄片的厚度等于或小于 2 mm，斜度和锥度较小时，可不按比例而夸大绘制；

③n 为正整数；

④括号内的比例，必要时允许选取。

零件图标题栏格式(本课程用)

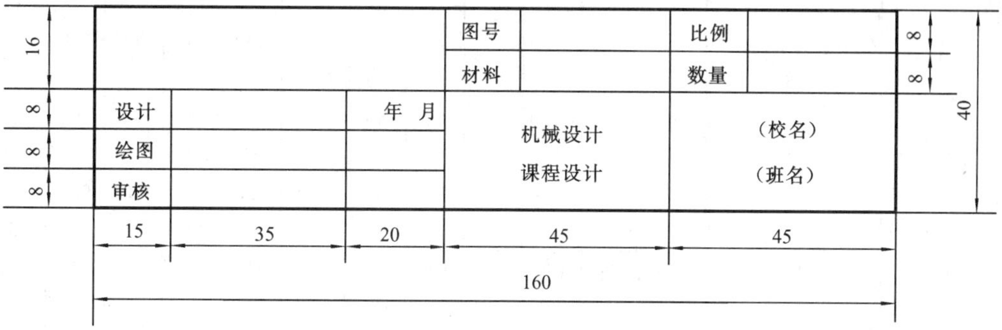

<table>
<tr><td colspan="3" rowspan="2"></td><td>图号</td><td></td><td>比例</td><td></td></tr>
<tr><td>材料</td><td></td><td>数量</td><td></td></tr>
<tr><td>设计</td><td></td><td>年　月</td><td colspan="2" rowspan="3">机械设计
课程设计</td><td colspan="2" rowspan="3">(校名)
(班名)</td></tr>
<tr><td>绘图</td><td></td><td></td></tr>
<tr><td>审核</td><td></td><td></td></tr>
</table>

16　8　8　8

8　8　40

15　35　20　45　45

160

装配图标题栏及明细栏格式(本课程用)

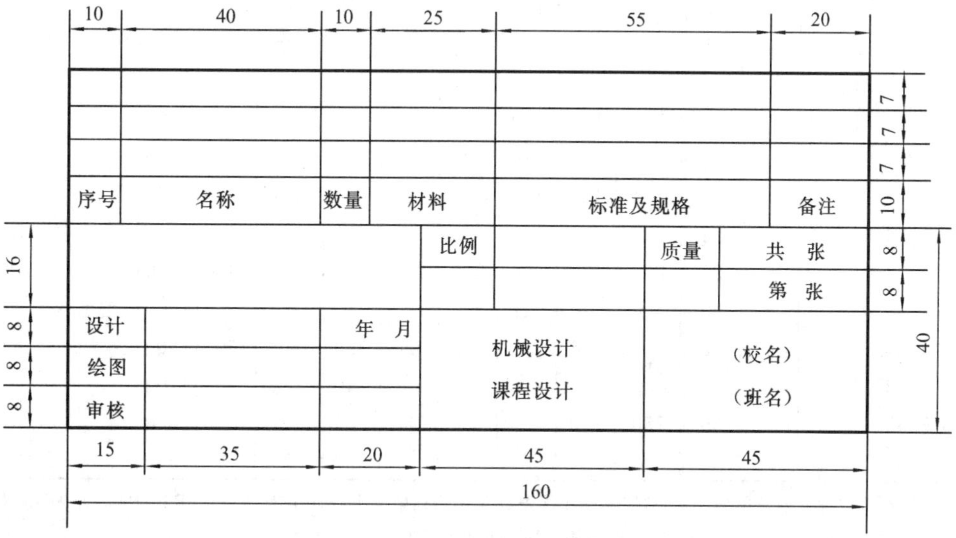

10　40　10　25　55　20

序号	名称	数量	材料	标准及规格	备注

7　7　7　10

<table>
<tr><td colspan="3" rowspan="2"></td><td>比例</td><td></td><td>质量</td><td>共　张</td></tr>
<tr><td></td><td></td><td></td><td>第　张</td></tr>
<tr><td>设计</td><td></td><td>年　月</td><td colspan="2" rowspan="3">机械设计
课程设计</td><td colspan="2" rowspan="3">(校名)
(班名)</td></tr>
<tr><td>绘图</td><td></td><td></td></tr>
<tr><td>审核</td><td></td><td></td></tr>
</table>

16　8　8　8

8　8　40

15　35　20　45　45

160

A3. 一般标准

表 A-4　标准尺寸(直径、长度和高度)(GB/T 2822—2005 摘录)　　(mm)

R			R′			R			R′			R			R′		
R10	R20	R40	R′10	R′20	R′40	R10	R20	R40	R′10	R′20	R′40	R10	R20	R40	R′10	R′20	R′40
2.50	2.50		2.5	2.5		40.0	40.0	40.0	40	40	40		280	280		280	280
	2.80			2.8				42.5			42			300			300
3.15	3.15		3.0	3.0			45.0	45.0		45	45	315	315	315	320	320	320
	3.55			3.5				47.5			48			335			340
4.00	4.00		4.0	4.0		50.0	50.0	50.0	50	50	50		355	355		360	360
	4.50			4.5				53.0			53			375			380
5.00	5.00		5.0	5.0			56.0	56.0		56	56	400	400	400	400	400	400
	5.60			5.5				60.0			60			425			420
6.30	6.30		6.0	6.0		63.0	63.0	63.0	63	63	63		450	450		450	450
	7.10			7.0				67.0			67			475			480
8.00	8.00		8.0	8.0			71.0	71.0		71	71	500	500	500	500	500	500
	9.00			9.0				75.0			75			530			530
10.0	10.0		10.0	10.0		80.0	80.0	80.0	80	80	80		560	560		560	560
	11.2			11				85.0			85			600			600
12.5	12.5	12.5	12	12	12		90.0	90.0		90	90	630	630	630	630	630	630
		13.2			13			95.0			95			670			670
	14.0	14.0		14	14	100	100	100	100	100	100		710	710		710	710
		15.0			15			106			105			750			750
16.0	16.0	16.0	16	16	16		112	112		110	110	800	800	800	800	800	800
		17.0			17			118			120			850			850
	18.0	18.0		18	18	125	125	125	125	125	125		900	900		900	900
		19.0			19			132			130			950			950
20.0	20.0	20.0	20	20	20		140	140		140	140	1000	1000	1000	1000	1000	1000
		21.2			21			150			150			1060			
	22.4	22.4		22	22	160	160	160	160	160	160		1120	1120			
		23.6			24			170			170			1180			
25.0	25.0	25.0	25	25	25		180	180		180	180	1250	1250	1250			
		26.5			26			190			190			1320			
	28.0	28.0		28	28	200	200	200	200	200	200		1400	1400			
		30.0			30			212			210			1500			
31.5	31.5	31.5	32	32	32		224	224		220	220	1600	1600	1600			
		33.5			34			236			240			1700			
	35.5	35.5		36	36	250	250	250	250	250	250		1800	1800			
		37.5			38			265			260			1900			

注:①选择标准尺寸系列及单个尺寸时,应首先在优先数系 R 系列中选用,选用顺序为 R10、R20、R40;如果必须将数值圆整,可在相应的 R′系列中选用标准尺寸,选用顺序为 R′10、R′20、R′40;

②本标准适用于有互换性或系列化要求的主要尺寸(如安装、连接尺寸,有公差要求的配合尺寸,决定产品系列的公称尺寸等),其他结构尺寸也应尽可能采用;

③本标准不适用于由主要尺寸导出的因变量尺寸,工艺上工序间的尺寸和已有相应标准规定的尺寸。

表 A-5 零件倒圆与倒角(GB/T 6403.4—2008 摘录) (mm)

倒圆、倒角形式

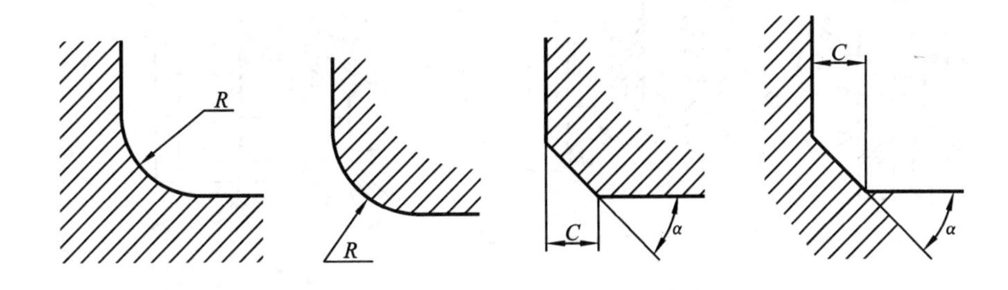

倒圆、倒角尺寸系列值

R 或 C												
R 或 C	0.1	0.2	0.3	0.4	0.5	0.6	0.8	1.0	1.2	1.6	2.0	2.5	3.0
	4.0	5.0	6.0	8.0	10	12	16	20	25	32	40	50	—

与直径 ϕ 相应的倒角 C、倒圆 R 的推荐值

ϕ	<3	>3~6	>6~10	>10~18	>18~30	>30~50	>50~80	>80~120	>120~180	>180~250	>250~320
C 或 R	0.2	0.4	0.6	0.8	1.0	1.6	2.0	2.5	3.0	4.0	5.0

内角、外角分别为倒圆、倒角(倒角为 45°)的装配形式

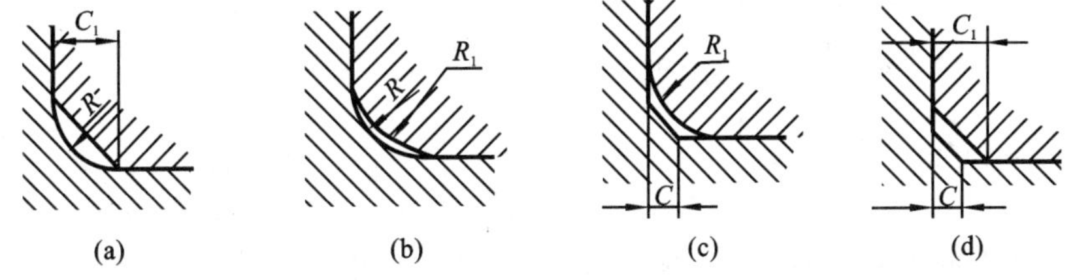

(a) (b) (c) (d)

R、R_1、C、C_1 的确定:内角倒圆、外角倒角时,$C_1>R$,见图(a);内角倒圆、外角倒圆时,$R_1>R$,见图(b);内角倒角、外角倒圆时,$C<0.58R_1$,见图(c);内角倒角、外角倒角时,$C_1>C$,见图(d)。

内角倒角、外角倒圆时 C_{max} 与 R_1 的关系

R_1	0.2	0.4	0.6	0.8	1.0	1.6	2.0	2.5	3.0	4.0	5.0	6.0
C_{max} ($C<0.58R_1$)	0.1	0.2	0.3	0.4	0.5	0.8	1.0	1.2	1.6	2.0	2.5	3.0

注:与滚动轴承相配合的轴及轴承座孔处的圆角半径参见滚动轴承的尺寸表。

表 A-6　中心孔（GB/T 145—2001 摘录）　(mm)

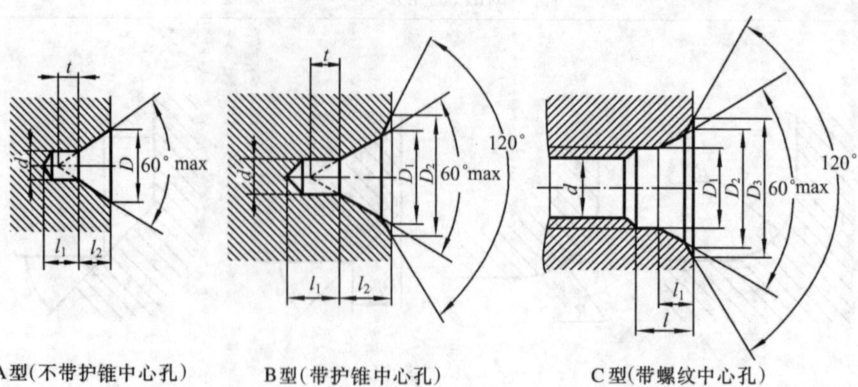

A型（不带护锥中心孔）　B型（带护锥中心孔）　C型（带螺纹中心孔）

d	D	D_1	D_2	l_2		t 参考		d	D_1	D_2	D_3	l	l_1 参考	选择中心孔的参考数据	
A、B型	A型	B型		A型	B型	A型	B型	C型						原料端部最小直径/mm	零件最大质量/kg
2.00	4.25	4.25	6.30	1.95	2.54	1.8								8	120
2.50	5.30	5.30	8.00	2.42	3.20	2.2								10	200
3.15	6.70	6.70	10.00	3.07	4.03	2.8		M3	3.2	5.3	5.8	2.6	1.8	12	500
4.00	8.50	8.50	12.50	3.90	5.05	3.5		M4	4.3	6.7	7.4	3.2	2.1	15	800
(5.00)	10.60	10.60	16.00	4.85	6.41	4.4		M5	5.3	8.1	8.8	4.0	2.4	20	1000
6.30	13.20	13.20	18.00	5.98	7.36	5.5		M6	6.4	9.6	10.5	5.0	2.8	25	1500
(8.00)	17.00	17.00	22.40	7.79	9.36	7.0		M8	8.4	12.2	13.2	6.0	3.3	30	2000
10.00	21.20	21.20	28.00	9.70	11.66	8.7		M10	10.5	14.9	16.3	7.5	3.8	35	2500

注：①不要求保留中心孔的零件采用A型，要求保留中心孔的零件采用B型，将零件固定在轴上的中心孔用C型；

②A型和B型中心孔的尺寸 l_1 取决于中心钻的长度，但不应小于表中的 t 值；

③表中同时列出了 D 和 l_2 尺寸，制造厂可任选其中一个尺寸；

④括号内的尺寸尽量不采用。

⑤选择中心孔的参考数据不属于GB/T 145—2001中的内容，仅供参考。

表 A-7　圆柱形轴伸（GB/T 1569—2005 摘录）　　　(mm)

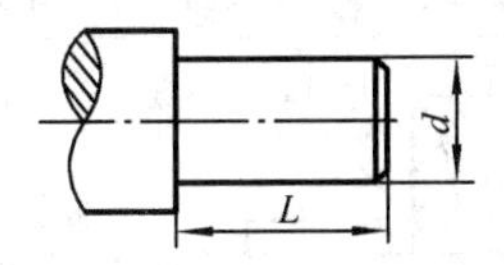

d 基本尺寸	d 极限偏差		L 长系列	L 短系列
6	+0.006 −0.002	j6	16	—
7	+0.007 −0.002			
8			20	
9				
10			23	20
11	+0.008 −0.003			
12			30	25
14				
16			40	28
18				

d 基本尺寸	d 极限偏差		L 长系列	L 短系列
19	+0.009 −0.004	j6	40	28
20			50	36
22				
24				
25			60	42
28				
30			80	58
32	+0.018 +0.002	k6		
35				
38				

d 基本尺寸	d 极限偏差		L 长系列	L 短系列
40	+0.018 +0.002	k6	110	82
42				
45				
48				
50				
55,56	+0.030 +0.011	m6	140	105
60,63				
65				
70,71				
75				

表 A-8　圆形零件自由表面过渡圆角半径　　　(mm)

$D-d$	2	5	8	10	15	20	25	30	35	40	50	55
R	1	2	3	4	5	8	10	12	12	16	16	20
$D-d$	65	70	90	100	130	140	170	180	220	230	290	300
R	20	25	25	30	30	40	40	50	50	60	60	80

注：尺寸 $D-d$ 是表中数值的中间值时，则按较小尺寸来选取 R。例如：$D-d=68$ mm，则按 65 mm 选 $R=20$ mm。

表 A-9　砂轮越程槽(GB/T 6403.5—2008 摘录)　　(mm)

回转面及端面砂轮越程槽的类型及尺寸

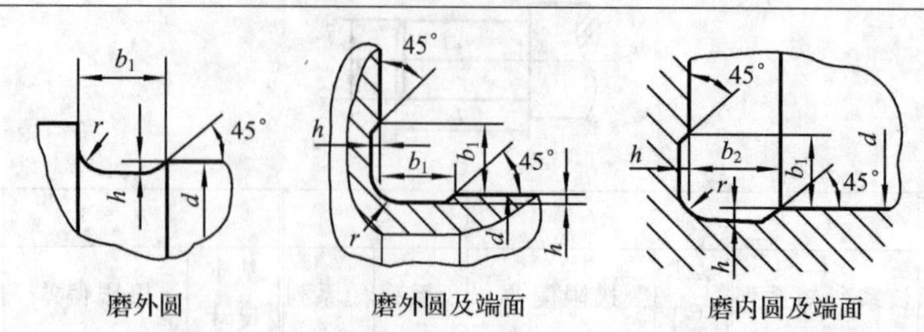

b_1	0.6	1.0	1.6	2.0	3.0	4.0	5.0	8.0	10.0
b_2	2.0	3.0		4.0		5.0		8.0	10.0
h	0.1	0.2		0.3	0.4		0.6	0.8	1.2
r	0.2	0.5		0.8	1.0		1.6	2.0	3.0
d	~10			10~50		50~100		>100	

A4. 机械设计一般规范

表 A-10　铸造斜度(JB/ZQ 4257—1986 摘录)

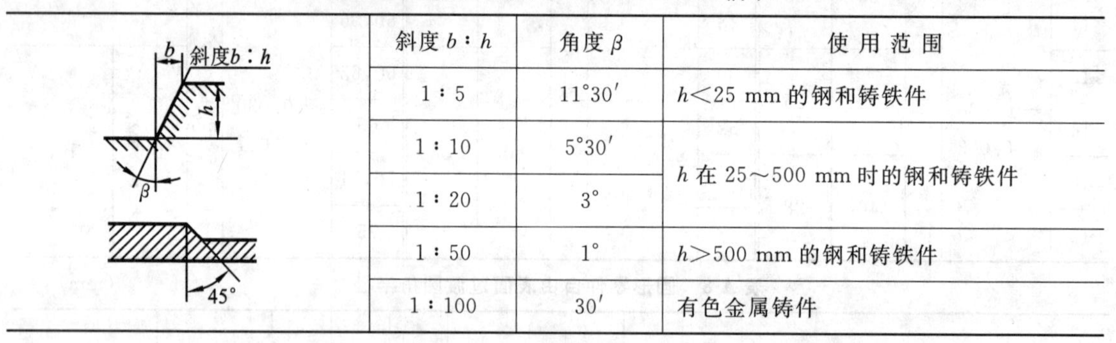

斜度 $b:h$	角度 β	使用范围
1:5	11°30′	$h<25$ mm 的钢和铸铁件
1:10	5°30′	h 在 25~500 mm 时的钢和铸铁件
1:20	3°	
1:50	1°	$h>500$ mm 的钢和铸铁件
1:100	30′	有色金属铸件

表 A-11　铸造过渡斜度(JB/ZQ 4254—2006 摘录)　　(mm)

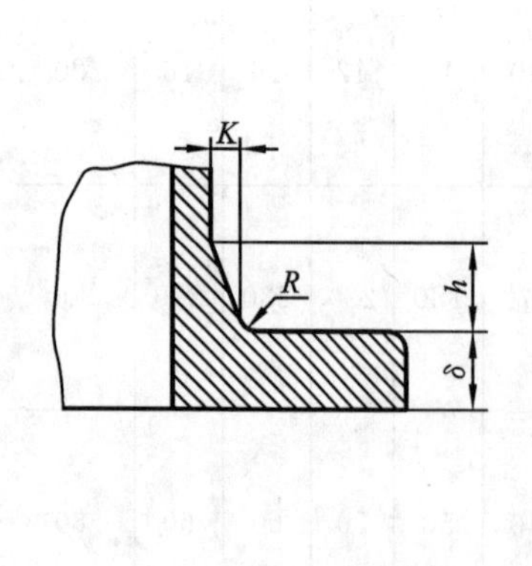

铸铁和铸钢件的壁厚 δ	K	h	R
10~15	3	15	5
>15~20	4	20	5
>20~25	5	25	5
>25~30	6	30	8
>30~35	7	35	8
>35~40	8	40	10
>40~45	9	45	10
>45~50	10	50	10
>50~55	11	55	10
>55~60	12	60	15
>60~65	13	65	15
>65~70	14	70	15
>70~75	15	75	15

注:本标准适用于减速器的机体、机盖、连接管、汽缸以及其他各种连接法兰等铸件的过渡部分尺寸。

表 A-12　圆柱度公差(GB/T 1184—1996 摘录)　(μm)

主参数 D 图例

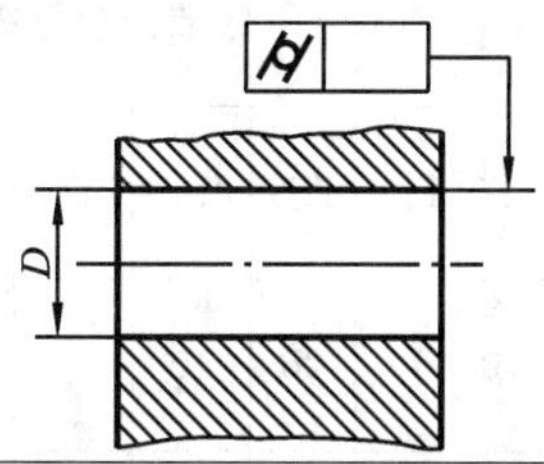

主参数 D/mm	公差等级												
	0	1	2	3	4	5	6	7	8	9	10	11	12
≤3	0.1	0.2	0.3	0.5	0.8	1.2	2	3	4	6	10	14	25
>3~6	0.1	0.2	0.4	0.6	1	1.5	2.5	4	5	8	12	18	30
>6~10	0.12	0.25	0.4	0.6	1	1.5	2.5	4	6	9	15	22	36
>10~18	0.15	0.25	0.5	0.8	1.2	2	3	5	8	11	18	27	43
>18~30	0.2	0.3	0.6	1	1.5	2.5	4	6	9	13	21	33	52
>30~50	0.25	0.4	0.6	1	1.5	2.5	4	7	11	16	25	39	62
>50~80	0.3	0.5	0.8	1.2	2	3	5	8	13	19	30	46	74
>80~120	0.4	0.6	1	1.5	2.5	4	6	10	15	22	35	54	87
>120~180	0.6	1	1.2	2	3.5	5	8	12	18	25	40	63	100
>180~250	0.8	1.2	2	3	4.5	7	10	14	20	29	46	72	115
>250~315	1.0	1.6	2.5	4	6	8	12	16	23	32	52	81	130
>315~400	1.2	2	3	5	7	9	13	18	25	36	57	89	140
>400~500	1.5	2.5	4	6	8	10	15	20	27	40	63	97	155

表 A-13　对称度和圆跳动公差(GB/T 1184—1996 摘录)　(μm)

主参数 d、B 图例

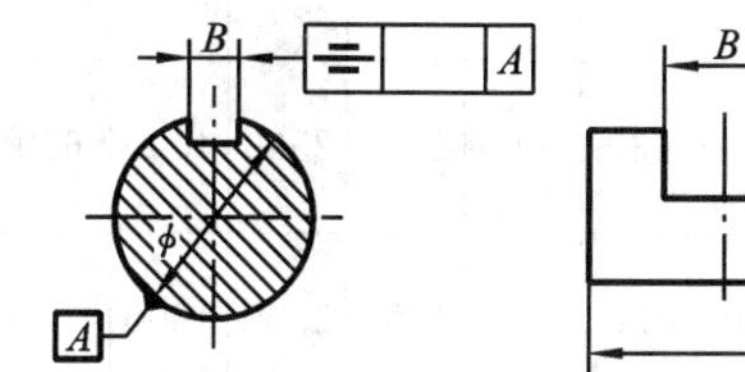

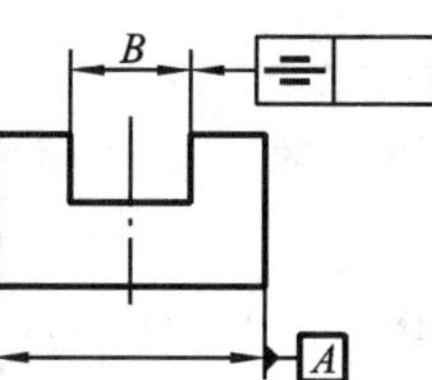

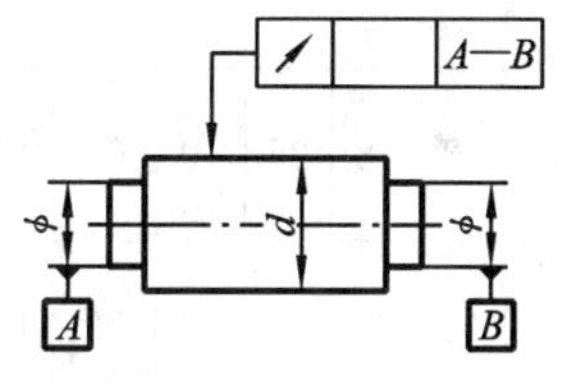

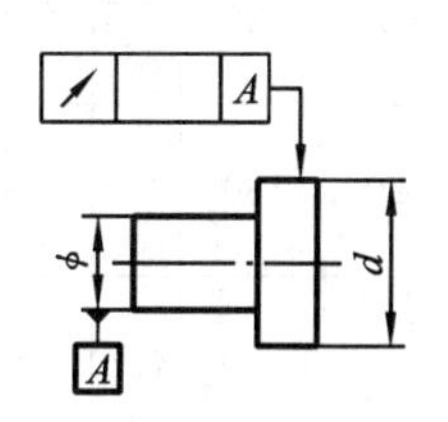

主参数 d、B/mm	公差等级											
	1	2	3	4	5	6	7	8	9	10	11	12
≤1	0.4	0.6	1.0	1.5	2.5	4	6	10	15	25	40	60
>1~3	0.4	0.6	1.0	1.5	2.5	4	6	10	20	40	60	120
>3~6	0.5	0.8	1.2	2	3	5	8	12	25	50	80	150
>6~10	0.6	1	1.5	2.5	4	6	10	15	30	60	100	200
>10~18	0.8	1.2	2	3	5	8	12	20	40	80	120	250
>18~30	1	1.5	2.5	4	6	10	15	25	50	100	150	300
>30~50	1.2	2	3	5	8	12	20	30	60	120	200	400
>50~120	1.5	2.5	4	6	10	15	25	40	80	150	250	500
>120~250	2	3	5	8	12	20	30	50	100	200	300	600
>250~500	2.5	4	6	10	15	25	40	60	120	250	400	800
>500~800	3	5	8	12	20	30	50	80	150	300	500	1000
>800~1250	4	6	10	15	25	40	60	100	200	400	600	1200
>1250~2000	5	8	12	20	30	50	80	120	250	500	800	1500
>2000~3150	6	10	15	25	40	60	100	150	300	600	1000	2000
>3150~5000	8	12	20	30	50	80	120	200	400	800	1200	2500
>5000~8000	10	15	25	40	60	100	150	250	500	1000	1500	3000
>8000~10000	12	20	30	50	80	120	200	300	600	1200	2000	4000

表 A-14 公称尺寸至 1000 mm 的标准公差值(GB/T 1800.1—2009 摘录) (μm)

公称尺寸/mm		标准公差等级																	
大于	至	IT1	IT2	IT3	IT4	IT5	IT6	IT7	IT8	IT9	IT10	IT11	IT12	IT13	IT14	IT15	IT16	IT17	IT18
—	3	0.8	1.2	2	3	4	6	10	14	25	40	60	100	140	250	400	600	1000	1400
3	6	1	1.5	2.5	4	5	8	12	18	30	48	75	120	180	300	480	750	1200	1800
6	10	1	1.5	2.5	4	6	9	15	22	36	58	90	150	220	360	580	900	1500	2200
10	18	1.2	2	3	5	8	11	18	27	43	70	110	180	270	430	700	1100	1800	2700
18	30	1.5	2.5	4	6	9	13	21	33	52	84	130	210	330	520	840	1300	2100	3300
30	50	1.5	2.5	4	7	11	16	25	39	62	100	160	250	390	620	1000	1600	2500	3900
50	80	2	3	5	8	13	19	30	46	74	120	190	300	460	740	1200	1900	3000	4600
80	120	2.5	4	6	10	15	22	35	54	87	140	220	350	540	870	1400	2200	3500	5400
120	180	3.5	5	8	12	18	25	40	63	100	160	250	400	630	1000	1600	2500	4000	6300
180	250	4.5	7	10	14	20	29	46	72	115	185	290	460	720	1150	1850	2900	4600	7200
250	315	6	8	12	16	23	32	52	81	130	210	320	520	810	1300	2100	3200	5200	8100
315	400	7	9	13	18	25	36	57	89	140	230	360	570	890	1400	2300	3600	5700	8900
400	500	8	10	15	20	27	40	63	97	155	250	400	630	970	1550	2500	4000	6300	9700
500	630	9	11	16	22	32	44	70	110	175	280	440	700	1100	1750	2800	4400	7000	11000
630	800	10	13	18	25	36	50	80	125	200	320	500	800	1250	2000	3200	5000	8000	12500
800	1000	11	15	21	28	40	56	90	140	230	360	560	900	1400	2300	3600	5600	9000	14000

注：①公称尺寸大于 500 mm 的 IT1～IT5 的标准公差值为试行的；

②公称尺寸小于或等于 1 mm 时，无 IT14～IT18。

表 A-15　常用及优先轴的极限偏差（GB/T 1800.2—2009 摘录）　　(μm)

公称尺寸/mm		公差带												
		a	b		c			d				e		
大于	至	11*	11*	12*	9*	10*	▲11	8*	▲9	10*	11*	7*	8*	9*
—	3	−270 −330	−140 −200	−140 −240	−60 −85	−60 −100	−60 −120	−20 −34	−20 −45	−20 −60	−20 −80	−14 −24	−14 −28	−14 −39
3	6	−270 −345	−140 −215	−140 −260	−70 −100	−70 −118	−70 −145	−30 −48	−30 −60	−30 −78	−30 −105	−20 −32	−20 −38	−20 −50
6	10	−280 −370	−150 −240	−150 −300	−80 −116	−80 −138	−80 −170	−40 −62	−40 −76	−40 −98	−40 −130	−25 −40	−25 −47	−25 −61
10	14	−290 −400	−150 −260	−150 −330	−95 −138	−95 −165	−95 −205	−50 −77	−50 −93	−50 −120	−50 −160	−32 −50	−32 −59	−32 −75
14	18													
18	24	−300 −430	−160 −290	−160 −370	−110 −162	−110 −194	−110 −240	−65 −98	−65 −117	−65 −149	−65 −195	−40 −61	−40 −73	−40 −92
24	30													
30	40	−310 −470	−170 −330	−170 −420	−120 −182	−120 −220	−120 −280	−80 −119	−80 −142	−80 −180	−80 −240	−50 −75	−50 −89	−50 −112
40	50	−320 −480	−180 −340	−180 −430	−130 −192	−130 −230	−130 −290							
50	65	−340 −530	−190 −380	−190 −490	−140 −214	−140 −260	−140 −330	−100 −146	−100 −174	−100 −220	−100 −290	−60 −90	−60 −106	−60 −134
65	80	−360 −550	−200 −390	−200 −500	−150 −224	−150 −270	−150 −340							
80	100	−380 −600	−200 −440	−220 −570	−170 −257	−170 −310	−170 −390	−120 −174	−120 −207	−120 −260	−120 −340	−72 −109	−72 −126	−72 −159
100	120	−410 −630	−240 −460	−240 −590	−180 −267	−180 −320	−180 −400							
120	140	−460 −710	−260 −510	−260 −660	−200 −300	−200 −360	−200 −450	−145 −208	−145 −245	−145 −305	−145 395	−85 −125	−85 −148	−85 −185
140	160	−520 −770	−280 −530	−280 −680	−210 −310	−210 −370	−210 −460							
160	180	−580 −830	−310 −560	−310 −710	−230 −330	−230 −390	−230 −480							
180	200	−660 −950	−340 −630	−340 −800	−240 −355	−240 −425	−240 −530	−170 −242	−170 −285	−170 −355	−170 −460	−100 −146	−100 −172	−100 −215
200	225	−740 −1030	−380 −670	−380 −840	−260 −375	−260 −445	−260 −550							
225	250	−820 −1110	−420 −710	−420 −880	−280 −395	−280 −465	−280 −570							
250	280	−920 −1240	−780 −800	−480 −1000	−300 −430	−300 −510	−300 −620	−190 −271	−190 −320	−190 −400	−190 −510	−110 −162	−110 −191	−110 −240
280	315	−1050 −1370	−540 −860	−540 −1060	−330 −460	−330 −540	−330 −650							
315	355	−1200 −1560	−600 −960	−600 −1170	−360 −500	−360 −590	−360 −720	−210 −299	−210 −350	−210 −440	−210 −570	−125 −182	−125 −214	−125 −265
355	400	−1350 −1710	−680 −1040	−680 −1250	−400 −540	−400 −630	−400 −760							
400	450	−1500 −1900	−760 −1160	−760 −1390	−440 −595	−440 −690	−440 −840	−230 −327	−230 −385	−230 −480	−230 −630	−135 −198	−135 −232	−135 −290
450	500	−1650 −2050	−840 −1240	−840 −1470	−480 −635	−480 −730	−480 −880							

续表

公称尺寸/mm		公差带												
		f					g			h				
大于	至	5*	6*	▲7	8*	9*	5*	▲6	7*	5*	▲6	▲7	8*	▲9
—	3	−6 −10	−6 −12	−6 −16	−6 −20	−6 −31	−2 −6	−2 −8	−2 −12	0 −4	0 −6	0 −10	0 −14	0 −25
3	6	−10 −15	−10 −18	−10 −22	−10 −28	−10 −40	−4 −9	−4 −12	−4 −16	0 −5	0 −8	0 −12	0 −18	0 −30
6	10	−13 −19	−13 −22	−13 −28	−13 −35	−13 −49	−5 −11	−5 −14	−5 −20	0 −6	0 −9	0 −15	0 −22	0 −36
10 14	14 18	−16 −24	−16 −27	−16 −34	−16 −43	−16 −59	−6 −14	−6 −17	−6 −24	0 −8	0 −11	0 −18	0 −27	0 −43
18 24	24 30	−20 −29	−20 −33	−20 −41	−20 −53	−20 −72	−7 −16	−7 −20	−7 −28	0 −9	0 −13	0 −21	0 −33	0 −52
30 40	40 50	−25 −36	−25 −41	−25 −50	−25 −64	−25 −87	−9 −20	−9 −25	−9 −34	0 −11	0 −16	0 −25	0 −39	0 −62
50 65	65 80	−30 −43	−30 −49	−30 −60	−30 −76	−30 −104	−10 −23	−10 −29	−10 −40	0 −13	0 −19	0 −30	0 −46	0 −74
80 100	100 120	−36 −51	−36 −58	−36 −71	−36 −90	−36 −123	−12 −27	−12 −34	−12 −47	0 −15	0 −22	0 −35	0 −54	0 −87
120 140 160	140 160 180	−43 −61	−43 −68	−43 −83	−43 −106	−43 −143	−14 −32	−14 −39	−14 −54	0 −18	0 −25	0 −40	0 −63	0 −100
180 200 225	200 225 250	−50 −70	−50 −79	−50 −96	−50 −122	−50 −165	−15 −35	−15 −44	−15 −61	0 −20	0 −29	0 −46	0 −72	0 −115
250 280	280 315	−56 −79	−56 −88	−56 −108	−56 −137	−56 −186	−17 −40	−17 −49	−17 −69	0 −23	0 −32	0 −52	0 −81	0 −130
315 355	355 400	−62 −87	−62 −98	−62 −119	−62 −151	−62 −202	−18 −43	−18 −54	−18 −75	0 −25	0 −36	0 −57	0 −89	0 −140
400 450	450 500	−68 −95	−68 −108	−68 −131	−68 −165	−68 −223	−20 −47	−20 −60	−20 −83	0 −27	0 −40	0 −63	0 −97	0 −155

续表

公称尺寸/mm		公差带											
		h			js			k			m		
大于	至	10*	▲11	12*	5*	6*	7*	5*	▲6	7*	5*	6*	7*
—	3	0 −40	0 −60	0 −110	±2	±3	±5	+4 0	+6 0	+10 0	+6 +2	+8 +2	+12 +2
3	6	0 −48	0 −75	0 −120	±2.5	±4	±6	+6 +1	+9 +1	+13 +1	+9 +4	+12 +4	+16 +4
6	10	0 −58	0 −90	0 −150	±3	±4.5	±7	+7 +1	+10 +1	+16 +1	+12 +6	+15 +6	+21 +6
10	14	0 −70	0 −110	0 −180	±4	±5.5	±9	+9 +1	+12 +1	+19 +1	+15 +7	+18 +7	+25 +7
14	18												
18	24	0 −84	0 −130	0 −210	±4.5	±6.5	±10	+11 +2	+15 +2	+23 +2	+17 +8	+21 +8	+29 +8
24	30												
30	40	0 −100	0 −160	0 −250	±5.5	±8	±12	+13 +2	+18 +2	+27 +2	+20 +9	+25 +9	+34 +9
40	50												
50	65	0 −120	0 −190	0 −300	±6.5	±9.5	±15	+15 +2	+21 +2	+32 +2	+24 +11	+30 +11	+41 +11
65	80												
80	100	0 −140	0 −220	0 −350	±7.5	±11	±17	+18 +3	+25 +3	+38 +3	+28 +13	+35 +13	+48 +13
100	120												
120	140	0 −160	0 −250	0 −400	±9	±12.5	±20	+21 +3	+28 +3	+43 +3	+33 +15	+40 +15	+55 +15
140	160												
160	180												
180	200	0 −185	0 −290	0 −460	±10	±14.5	±23	+24 +4	+33 +4	+50 +4	+37 +17	+46 +17	+63 +17
200	225												
225	250												
250	280	0 −210	0 −320	0 −520	±11.5	±16	±26	+27 +4	+36 +4	+56 +4	+43 +20	+52 +20	+72 +20
280	315												
315	355	0 −230	0 −360	0 −570	±12.5	±18	±28	+29 +4	+40 +4	+61 +4	+46 +21	+57 +21	+78 +21
355	400												
400	450	0 −250	0 −400	0 −630	±13.5	±20	±31	+32 +5	+45 +5	+68 +5	+50 +23	+63 +23	+86 +23
450	500												

续表

公称尺寸/mm		公差带											
		n			p			r			s		
大于	至	5*	▲6	7*	5*	▲6	7*	5*	6*	7*	5*	▲6	7*
—	3	+8 +4	+10 +4	+14 +4	+10 +6	+12 +6	+16 +6	+14 +10	+16 +10	+20 +10	+18 +14	+20 +14	+24 +14
3	6	+13 +8	+16 +8	+20 +8	+17 +12	+20 +12	+24 +12	+20 +15	+23 +15	+27 +15	+24 +19	+27 +19	+31 +19
6	10	+16 +10	+19 +10	+25 +10	+21 +15	+24 +15	+30 +15	+25 +19	+28 +19	+34 +19	+29 +23	+32 +23	+38 +23
10 14	14 18	+20 +12	+23 +12	+30 +12	+26 +18	+29 +18	+36 +18	+31 +23	+34 +23	+41 +23	+36 +28	+39 +28	+46 +28
18 24	24 30	+24 +15	+28 +15	+36 +15	+31 +22	+35 +22	+43 +22	+37 +28	+41 +28	+49 +28	+44 +35	+48 +35	+56 +35
30 40	40 50	+28 +17	+33 +17	+42 +17	+37 +26	+42 +26	+51 +26	+45 +34	+50 +34	+59 +34	+54 +43	+59 +43	+68 +43
50	65	+33 +20	+39 +20	+50 +20	+45 +32	+51 +32	+62 +32	+54 +41	+60 +41	+71 +41	+66 +53	+72 +53	+83 +53
65	80							+56 +43	+62 +43	+73 +43	+72 +59	+78 +59	+89 +59
80	100	+38 +23	+45 +23	+58 +23	+52 +37	+59 +37	+72 +37	+66 +51	+73 +51	+86 +51	+86 +71	+93 +71	+106 +71
100	120							+69 +54	+76 +54	+89 +54	+94 +79	+101 +79	+114 +79
120	140	+45 +27	+52 +27	+67 +27	+61 +43	+68 +43	+83 +43	+81 +63	+88 +63	+103 +63	+110 +92	+117 +92	+132 +92
140	160							+83 +65	+90 +65	+105 +65	+118 +100	+125 +100	+140 +100
160	180							+86 +68	+93 +68	+108 +68	+126 +108	+133 +108	+148 +108
180	200	+51 +31	+60 +31	+77 +31	+70 +50	+79 +50	+96 +50	+97 +77	+106 +77	+123 +77	+142 +122	+151 +122	+168 +122
200	225							+100 +80	+109 +80	+126 +80	+150 +130	+159 +130	+176 +130
225	250							+104 +84	+113 +84	+130 +84	+160 +140	+169 +140	+186 +140
250	280	+57 +34	+86 +34	+86 +34	+79 +56	+88 +56	+108 +56	+117 +94	+126 +94	+146 +94	+181 +158	+190 +158	+210 +158
280	315							+121 +98	+130 +98	+150 +98	+193 +170	+202 +170	+222 +170
315	355	+62 +37	+73 +37	+94 +37	+87 +62	+98 +62	+119 +62	+133 +108	+144 +108	+165 +108	+215 +190	+226 +190	+247 +190
355	400							+139 +114	+150 +114	+171 +114	+233 +208	+244 +208	+265 +208
400	450	+67 +40	+80 +40	+103 +40	+95 +68	+108 +68	+131 +68	+153 +126	+166 +126	+189 +126	+259 +232	+272 +232	+295 +232
450	500							+159 +132	+172 +132	+195 +132	+279 +252	+292 +252	+315 +252

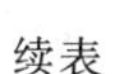

续表

公称尺寸/mm		公差带								
		t			u		v	x	y	z
大于	至	5*	6*	7*	▲6	7*	6*	6*	6*	6*
—	3	—	—	—	+24 +18	+28 +18	—	+26 +20	—	+32 +26
3	6	—	—	—	+31 +23	+35 +23	—	+36 +28	—	+43 +35
6	10	—	—	—	+37 +28	+43 +28	—	+43 +34	—	+51 +42
10	14	—	—	—	+44 +33	+51 +33	—	+51 +40	—	+61 +50
14	18	—	—	—			+50 +39	+56 +45	—	+71 +60
18	24	—	—	—	+54 +41	+62 +41	+60 +47	+67 +54	+76 +63	+86 +73
24	30	+50 +41	+54 +41	+62 +41	+61 +48	+69 +48	+68 +55	+77 +64	+88 +75	+101 +88
30	40	+59 +48	+64 +48	+73 +48	+76 +60	+85 +60	+84 +68	+96 +80	+110 +94	+128 +112
40	50	+65 +54	+70 +54	+79 +54	+86 +70	+95 +70	+97 +81	+113 +97	+130 +114	+152 +136
50	65	+79 +66	+85 +66	+96 +66	+106 +87	+117 +87	+121 +102	+141 +122	+169 +144	+191 +172
65	80	+88 +75	+94 +75	+105 +75	+121 +102	+132 +102	+139 +120	+165 +146	+193 +174	+229 +210
80	100	+106 +91	+113 +91	+126 +91	+146 +124	+159 +124	+168 +146	+200 +178	+236 +214	+280 +258
100	120	+119 +104	+126 +104	+139 +104	+166 +144	+179 +144	+194 +172	+232 +210	+276 +254	+332 +310
120	140	+140 +122	+147 +122	+162 +122	+195 +170	+210 +170	+227 +202	+273 +248	+325 +300	+390 +365
140	160	+152 +134	+159 +134	+174 +134	+215 +190	+230 +190	+253 +228	+305 +280	+365 +340	+440 +415
160	180	+164 +146	+171 +146	+186 +146	+235 +210	+250 +210	+277 +252	+335 +310	+405 +380	+490 +465
180	200	+186 +166	+195 +166	+212 +166	+265 +236	+282 +236	+313 +284	+379 +350	+454 +425	+549 +520
200	225	+200 +180	+209 +180	+226 +180	+287 +258	+304 +258	+339 +310	+414 +385	+499 +470	+604 +575
225	250	+216 +196	+225 +196	+242 +196	+313 +284	+330 +284	+369 +340	+454 +425	+549 +520	+669 +640
250	280	+241 +218	+250 +218	+270 +218	+347 +315	+367 +315	+417 +385	+507 +475	+612 +580	+742 +710
280	315	+263 +240	+272 +240	+292 +240	+382 +350	+402 +350	+457 +425	+557 +525	+682 +650	+822 +790
315	355	+293 +268	+304 +268	+325 +268	+426 +390	+447 +390	+511 +475	+626 +590	+766 +730	+936 +900
355	400	+319 +294	+330 +294	+351 +294	+471 +435	+492 +435	+566 +530	+696 +660	+856 +820	+1036 +1000
400	450	+357 +330	+370 +330	+393 +330	+530 +490	+553 +490	+635 +595	+780 +740	+960 +920	+1140 +1100
450	500	+387 +360	+400 +360	+423 +360	+580 +540	+603 +540	+700 +660	+860 +820	+1040 +1000	+1290 +1250

注：①* 为常用公差带，▲为优先公差带；

②公称尺寸小于 1 mm 时，各级的 a 和 b 均不采用。

表 A-16　常用及优先孔的极限偏差(GB/T 1800.2—2009 摘录) (μm)

公称尺寸/mm		公差带												
		A	B		C	D				E		F		
大于	至	11*	11*	12*	▲11	8*	▲9	10*	11*	8*	9*	6*	7*	▲8
—	3	+330 +270	+200 +140	+240 +140	+120 +60	+34 +20	+45 +20	+60 +20	+80 +20	+28 +14	+39 +14	+12 +6	+16 +6	+20 +6
3	6	+345 +270	+215 +140	+260 +140	+145 +70	+48 +30	+60 +30	+78 +30	+150 +30	+38 +20	+50 +20	+18 +10	+22 +10	+28 +10
6	10	+370 +280	+240 +150	+300 +150	+170 +80	+62 +40	+76 +40	+98 +40	+130 +40	+47 +25	+61 +25	+22 +13	+28 +13	+35 +13
10 14	14 18	+400 +290	+260 +150	+330 +150	+205 +95	+77 +50	+93 +50	+120 +50	+160 +50	+59 +32	+75 +32	+27 +16	+34 +16	+43 +16
18 24	24 30	+430 +300	+290 +160	+370 +160	+240 +110	+98 +65	+117 +65	+149 +65	+195 +65	+73 +40	+92 +40	+33 +20	+41 +20	+53 +20
30	40	+470 +310	+330 +170	+420 +170	+280 +120	+119 +80	+142 +80	+180 +80	+240 +80	+89 +50	+112 +50	+41 +25	+50 +25	+64 +25
40	50	+480 +320	+340 +180	+430 +180	+290 +130									
50	65	+530 +340	+380 +190	+490 +190	+330 +150	+146 +100	+174 +100	+220 +100	+290 +100	+106 +60	+134 +60	+49 +30	+60 +30	+76 +30
65	80	+550 +360	+390 +200	+500 +200	+340 +150									
80	100	+600 +380	+400 +220	+570 +220	+390 +170	+174 +120	+207 +120	+260 +120	+340 +120	+126 +72	+159 +72	+58 +36	+71 +36	+90 +36
100	120	+630 +410	+460 +240	+590 +240	+400 +180									
120	140	+710 +460	+510 +260	+660 +260	+450 +200	+208 +145	+245 +145	+305 +145	+395 +140	+148 +85	+185 +85	+68 +43	+83 +43	+106 +43
140	160	+770 +520	+530 +280	+680 +280	+460 +210									
160	180	+830 +580	+560 +310	+710 +310	+480 +230									
180	200	+950 +660	+630 +340	+800 +340	+530 +240	+242 +170	+285 +170	+355 +170	+460 +170	+172 +100	+215 +100	+79 +50	+96 +50	+122 +50
200	225	+1030 +740	+670 +380	+840 +380	+550 +260									
225	250	+1110 +820	+710 +420	+880 +420	+570 +280									
250	280	+1240 +920	+800 +480	+1000 +480	+620 +300	+271 +190	+320 +190	+400 +190	+510 +190	+191 +110	+240 +110	+88 +56	+108 +56	+137 +56
280	315	+1370 +1050	+860 +540	+1060 +540	+650 +330									
315	355	+1560 +1200	+960 +600	+1170 +600	+720 +360	+299 +210	+350 +210	+440 +210	+570 +210	+214 +125	+265 +125	+98 +62	+119 +62	+151 +62
355	400	+1710 +1350	+1040 +680	+1250 +680	+760 +400									
400	450	+1900 +1500	+1160 +760	+1390 +760	+840 +440	+327 +230	+385 +230	+480 +230	+630 +230	+232 +135	+290 +135	+108 +68	+131 +68	+165 +68
450	500	+2050 +1650	+1240 +840	+1470 +840	+880 +480									

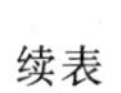

续表

公称尺寸/mm		公差带												
		F	G		H							JS		
大于	至	9*	6*	▲7	6*	▲7	▲8	▲9	10*	▲11	12*	6*	7*	8*
—	3	+31 +6	+8 +2	+12 +2	+6 0	+10 0	+14 0	+25 0	+40 0	+60 0	+100 0	±3	±5	±7
3	6	+40 +10	+12 +4	+16 +4	+8 0	+12 0	+18 0	+30 0	+48 0	+75 0	+120 0	±4	±6	±9
6	10	+49 +13	+14 +5	+20 +5	+9 0	+15 0	+22 0	+36 0	+58 0	+90 0	+150 0	±4.5	±7	±11
10 14	14 18	+59 +16	+17 +6	+24 +6	+11 0	+18 0	+27 0	+43 0	+70 0	+110 0	+180 0	±5.5	±9	±13
18 24	24 30	+72 +20	+20 +7	+28 +7	+13 0	+21 0	+33 0	+52 0	+84 0	+130 0	+210 0	±6.5	±10	±16
30 40	40 50	+87 +25	+25 +9	+34 +9	+16 0	+25 0	+39 0	+62 0	+100 0	+160 0	+250 0	±8	±12	±19
50 65	65 80	+104 +30	+29 +10	+40 +10	+19 0	+30 0	+46 0	+74 0	+120 0	+190 0	+300 0	±9.5	±15	±23
80 100	100 120	+123 +36	+34 +12	+47 +12	+22 0	+35 0	+54 0	+87 0	+140 0	+220 0	+350 0	±11	±17	±27
120 140 160	140 160 180	+143 +43	+39 +14	+54 +14	+25 0	+40 0	+63 0	+100 0	+160 0	+250 0	+400 0	±12.5	±20	±31
180 200 225	200 225 250	+165 +50	+44 +15	+61 +15	+29 0	+46 0	+72 0	+115 +0	+185 0	+290 0	+460 0	±14.5	±23	±36
250 280	280 315	+186 +56	+49 +17	+69 +17	+32 0	+52 0	+81 0	+130 0	+210 0	+320 0	+520 0	±16	±26	±40
315 355	355 400	+202 +62	+54 +18	+75 +18	+36 0	+57 0	+89 0	+140 0	+230 0	+360 0	+570 0	±18	±28	±44
400 450	450 500	+223 +68	+60 +20	+83 +20	+40 0	+63 0	+97 0	+155 0	+250 0	+400 0	+630 0	±20	±31	±48

续表

公称尺寸/mm		公差带										
		K			M			N			P	
大于	至	6*	▲7	8*	6*	7*	8*	6*	▲7	8*	6*	▲7
—	3	0 −6	0 −10	0 −14	−2 −8	−2 −12	−2 −16	−4 −10	−4 −14	−4 −18	−6 −12	−6 −16
3	6	+2 −6	+3 −9	+5 −13	−1 −9	0 −12	+2 −16	−5 −13	−4 −16	−9 −20	−9 −17	−8 −20
6	10	+2 −7	+5 −10	+6 −16	−3 −12	0 −15	+1 −21	−7 −16	−4 −19	−3 −25	−12 −21	−9 −24
10	14	+2 −9	+6 −12	+8 −19	−4 −15	0 −18	+2 −25	−9 −20	−5 −23	−3 −30	−15 −26	−11 −29
14	18											
18	24	+2 −11	+6 −15	+10 −23	−4 −17	0 −21	+4 −29	−11 −24	−7 −28	−3 −36	−18 −31	−14 −35
24	30											
30	40	+3 −13	+7 −18	+12 −27	−4 −20	0 −25	+5 −34	−12 −28	−8 −33	−3 −42	−21 −37	−17 −42
40	50											
50	65	+4 −13	+9 −21	+14 −32	−5 −24	0 −30	+5 −41	−14 −33	−9 −39	−4 −50	−26 −45	−21 −51
65	80											
80	100	+4 −15	+10 −25	+16 −38	−6 −28	0 −35	+6 −48	−16 −38	−10 −45	−4 −58	−30 −52	−24 −59
100	120											
120	140	+4 −18	+12 −28	+20 −43	−8 −33	0 −40	+8 −55	−20 −45	−12 −52	−4 −67	−36 −61	−28 −68
140	160											
160	180											
180	200	+4 −21	+13 −33	+22 −50	−8 −37	0 −46	+9 −63	−22 −51	−14 −60	−5 −77	−41 −70	−33 −79
200	225											
225	250											
250	280	+5 −24	+16 −36	+25 −56	−9 −41	0 −52	+9 −72	−25 −57	−14 −66	−5 −86	−47 −79	−36 −88
280	315											
315	355	+7 −29	+17 −40	+28 −61	−10 −46	0 −57	+11 −78	−26 −62	−16 −73	−5 −94	−51 −87	−41 −98
355	400											
400	450	+8 −32	+18 −45	+29 −68	−10 −50	0 −63	+11 −86	−27 −67	−17 −80	−6 −103	−55 −95	−45 −108
450	500											

续表

公称尺寸/mm		公差带						
		R		S		T		U
大于	至	6*	7*	6*	▲7	6*	7*	▲7
—	3	-10 -16	-10 -20	-14 -20	-14 -24	—	—	-18 -28
3	6	-12 -20	-11 -23	-16 -24	-15 -27	—	—	-19 -31
6	10	-16 -25	-13 -28	-20 -29	-17 -32	—	—	-22 -37
10	14	-20 -31	-16 -34	-25 -35	-21 -39	—	—	-26 -44
14	18							
18	24	-24 -37	-20 -41	-31 -44	-27 -48	—	—	-33 -54
24	30					-37 -50	-33 -54	-40 -61
30	40	-29 -45	-25 -50	-38 -54	-34 -59	-43 -59	-39 -64	-51 -76
40	50					-49 -65	-45 -70	-61 -86
50	65	-35 -54	-30 -60	-47 -66	-42 -72	-60 -79	-55 -85	-76 -106
65	80	-37 -56	-32 -62	-53 -72	-48 -78	-69 -88	-64 -94	-91 -121
80	100	-44 -66	-38 -73	-64 -86	-58 -93	-84 -106	-78 -113	-111 -146
100	120	-47 -69	-41 -76	-72 -94	-66 -101	-97 -119	-91 -126	-131 -166
120	140	-56 -81	-48 -88	-85 -110	-77 -117	-115 -140	-107 -147	-155 -195
140	160	-58 -83	-50 -90	-93 -118	-85 -125	-127 -152	-119 -159	-175 -215
160	180	-61 -86	-53 -93	-101 -126	-93 -133	-139 -164	-131 -171	-195 -235
180	200	-68 -97	-60 -106	-113 -142	-105 -151	-157 -186	-149 -195	-219 -265
200	225	-71 -100	-63 -109	-121 -150	-113 -159	-171 -200	-163 -209	-241 -287
225	250	-75 -104	-67 -113	-131 -160	-123 -169	-187 -216	-179 -225	-267 -313
250	280	-85 -117	-74 -126	-149 -181	-138 -190	-209 -241	-198 -250	-295 -347
280	315	-89 -121	-78 -130	-161 -193	-150 -202	-231 -263	-220 -272	-330 -382
315	355	-97 -133	-87 -144	-179 -215	-169 -226	-257 -293	-247 -304	-369 -426
355	400	-103 -139	-93 -150	-197 -233	-187 -244	-283 -319	-273 -330	-414 -471
400	450	-113 -153	-103 -166	-219 -259	-209 -272	-317 -357	-307 -370	-467 -530
450	500	-119 -159	-109 -172	-239 -279	-229 -292	-347 -387	-337 -400	-517 -580

注：① * 为常用公差带，▲为优先公差带；

②公称尺寸小于 1 mm 时，各级的 A 和 B 均不采用。

附录B 电 动 机

Y系列电动机为全封闭自扇冷式笼型三相异步电动机，是按照国际电工委员会(IEC)标准设计的，具有国际互换性的特点。用于空气中不含易燃、易爆或腐蚀性气体的场所。适用于电源电压为380V无特殊要求的机械，如机床、泵、风机、运输机、搅拌机、农业机械等。

表 B-1 Y系列(IP44)三相异步电动机的技术数据(JB/T 10391—2008 摘录)

电动机型号	额定功率/kW	满载转速/(r/min)	堵转转矩/额定转矩	最大转矩/额定转矩	电动机型号	额定功率/kW	满载转速/(r/min)	堵转转矩/额定转矩	最大转矩/额定转矩
同步转速 3000 r/min,2 极					同步转速 1500 r/min,4 极				
Y80M1-2	0.75	2825	2.2	2.3	Y80M1-4	0.55	1390	2.4	2.3
Y80M2-2	1.1	2825	2.2	2.3	Y80M2-4	0.75	1390	2.3	2.3
Y90S-2	1.5	2840	2.2	2.3	Y90S-4	1.1	1400	2.3	2.3
Y90L-2	2.2	2840	2.2	2.3	Y90L-4	1.5	1400	2.3	2.3
Y100L-2	3	2870	2.2	2.3	Y100L1-4	2.2	1430	2.2	2.3
Y112M-2	4	2890	2.2	2.3	Y100L2-4	3	1430	2.2	2.3
Y132S1-2	5.5	2900	2.0	2.3	Y112M-4	4	1440	2.2	2.3
Y132S2-2	7.5	2900	2.0	2.3	Y132S-4	5.5	1440	2.2	2.3
Y160M1-2	11	2930	2.0	2.3	Y132M-4	7.5	1440	2.2	2.3
Y160M2-2	15	2930	2.0	2.3	Y160M-4	11	1460	2.2	2.3
Y160L-2	18.5	2930	2.0	2.2	Y160L-4	15	1460	2.2	2.3
Y180M-2	22	2940	2.0	2.2	Y180M-4	18.5	1470	2.0	2.2
Y200L1-2	30	2950	2.0	2.2	Y180L-4	22	1470	2.0	2.2
同步转速 1000 r/min,6 极					Y200L-4	30	1470	2.0	2.2
Y90S-6	0.75	910	2.0	2.2	同步转速 750 r/min,8 极				
Y90L-6	1.1	910	2.0	2.2	Y132S-8	2.2	710	2.0	2.0
Y100L-6	1.5	940	2.0	2.2	Y132M-8	3	710	2.0	2.0
Y112M-6	2.2	940	2.0	2.2	Y160M1-8	4	720	2.0	2.0
Y132S-6	3	960	2.0	2.2	Y160M2-8	5.5	720	2.0	2.0
Y132M1-6	4	960	2.0	2.2	Y160L-8	7.5	720	2.0	2.0
Y132M2-6	5.5	960	2.0	2.2	Y180L-8	11	730	1.7	2.0
Y160M-6	7.5	970	2.0	2.0	Y200L-8	15	730	1.8	2.0
Y160L-6	11	970	2.0	2.0	Y225S-8	18.5	730	1.7	2.0
Y180L-6	15	970	2.0	2.0	Y225M-8	22	740	1.8	2.0
Y200L1-6	18.5	970	2.0	2.0	Y250M-8	30	740	1.8	2.0
Y200L2-6	22	970	2.0	2.0					
Y225M-6	30	980	1.7	2.0					

注：①电动机型号意义：以 Y132S2-2-B3 为例，Y表示系列代号，132 表示机座中心高，S2 表示短机座和第二种铁心长度(M表示中机座，L表示长机座)，2 表示电动机的极数，B3 表示安装形式。

②S、M、L后面的数字1、2分别代表同一机座号和转速下的不同功率。

表 B-2　机座带底脚、端盖无凸缘 Y 系列电动机的安装及外形尺寸　(mm)

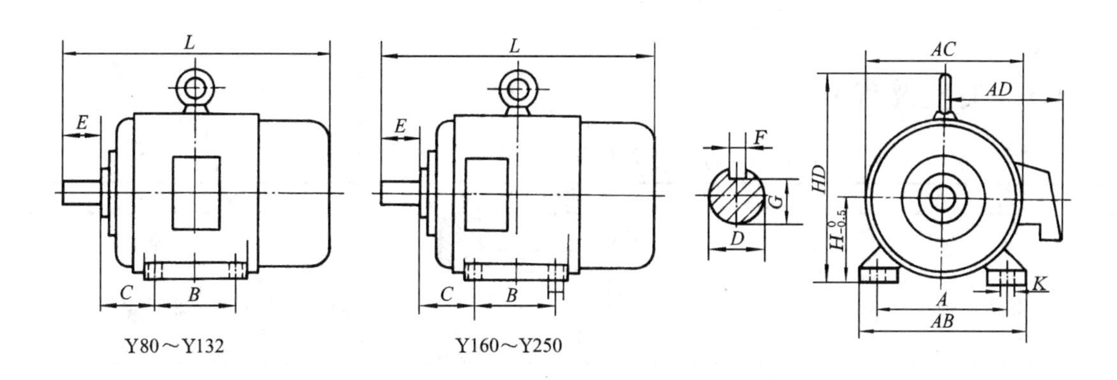

<table>
<tr><th>机座号</th><th>极数</th><th>A</th><th>B</th><th>C</th><th colspan="2">D</th><th>E</th><th>F</th><th>G</th><th>H</th><th>K</th><th>AB</th><th>AC</th><th>AD</th><th>HD</th><th>BB</th><th>L</th></tr>
<tr><td>80M</td><td>2,4</td><td>125</td><td rowspan="2">100</td><td>50</td><td>19</td><td rowspan="5">+0.009
−0.004</td><td>40</td><td>6</td><td>15.5</td><td>80</td><td rowspan="3">10</td><td>165</td><td>175</td><td>150</td><td>175</td><td rowspan="2">130</td><td>290</td></tr>
<tr><td>90S</td><td rowspan="4">2,4,6</td><td rowspan="2">140</td><td rowspan="2">56</td><td rowspan="2">24</td><td rowspan="2">50</td><td rowspan="4">8</td><td rowspan="2">20</td><td rowspan="2">90</td><td rowspan="2">180</td><td rowspan="2">195</td><td rowspan="2">160</td><td rowspan="2">195</td><td>315</td></tr>
<tr><td>90L</td><td>125</td><td>155</td><td>340</td></tr>
<tr><td>100L</td><td>160</td><td rowspan="3">140</td><td>63</td><td rowspan="2">28</td><td rowspan="2">60</td><td rowspan="2">24</td><td>100</td><td rowspan="4">12</td><td>205</td><td>215</td><td>180</td><td>245</td><td>170</td><td>380</td></tr>
<tr><td>112M</td><td>190</td><td>70</td><td>112</td><td>245</td><td>240</td><td>190</td><td>265</td><td>180</td><td>400</td></tr>
<tr><td>132S</td><td rowspan="7">2,4,6,8</td><td rowspan="2">216</td><td rowspan="2">89</td><td rowspan="2">38</td><td rowspan="6">+0.018
+0.002</td><td rowspan="2">80</td><td rowspan="2">10</td><td rowspan="2">33</td><td rowspan="2">132</td><td rowspan="2">280</td><td rowspan="2">275</td><td rowspan="2">210</td><td rowspan="2">315</td><td>200</td><td>475</td></tr>
<tr><td>132M</td><td>178</td><td>238</td><td>515</td></tr>
<tr><td>160M</td><td rowspan="2">254</td><td>210</td><td rowspan="2">108</td><td rowspan="2">42</td><td rowspan="5">110</td><td rowspan="2">12</td><td rowspan="2">37</td><td rowspan="2">160</td><td rowspan="4">14.5</td><td rowspan="2">330</td><td rowspan="2">335</td><td rowspan="2">265</td><td rowspan="2">385</td><td>270</td><td>605</td></tr>
<tr><td>160L</td><td>254</td><td>314</td><td>650</td></tr>
<tr><td>180M</td><td rowspan="2">279</td><td>241</td><td rowspan="2">121</td><td rowspan="2">48</td><td rowspan="2">14</td><td rowspan="2">42.5</td><td rowspan="2">180</td><td rowspan="2">355</td><td rowspan="2">380</td><td rowspan="2">285</td><td rowspan="2">430</td><td>311</td><td>670</td></tr>
<tr><td>180L</td><td>279</td><td>349</td><td>710</td></tr>
<tr><td>200L</td><td>318</td><td>305</td><td>133</td><td>55</td><td rowspan="7">+0.030
+0.011</td><td>16</td><td>49</td><td>200</td><td rowspan="5">18.5</td><td>395</td><td>420</td><td>315</td><td>475</td><td>379</td><td>775</td></tr>
<tr><td>225S</td><td>4,8</td><td rowspan="4">356</td><td>286</td><td rowspan="4">149</td><td>60</td><td>140</td><td>18</td><td>53</td><td rowspan="4">225</td><td rowspan="4">435</td><td rowspan="4">475</td><td rowspan="4">345</td><td rowspan="4">530</td><td rowspan="2">368</td><td rowspan="2">820</td></tr>
<tr><td rowspan="3">225M</td><td>2</td><td rowspan="3">311</td><td>55</td><td>110</td><td>16</td><td>49</td></tr>
<tr><td rowspan="2">4,6,8</td><td rowspan="3">60</td><td rowspan="4">140</td><td rowspan="4">18</td><td rowspan="3">53</td><td rowspan="2">393</td><td>815</td></tr>
<tr><td>845</td></tr>
<tr><td rowspan="2">250M</td><td>2</td><td rowspan="2">406</td><td rowspan="2">349</td><td rowspan="2">168</td><td rowspan="2">250</td><td rowspan="2">24</td><td rowspan="2">490</td><td rowspan="2">515</td><td rowspan="2">385</td><td rowspan="2">575</td><td rowspan="2">455</td><td rowspan="2">930</td></tr>
<tr><td>4,6,8</td><td>65</td><td>58</td></tr>
</table>

附录C 联 轴 器

C1. 类型及代号

表 C-1 轴孔型式及代号(GB/T 3852—2008 摘录)

名 称	型式及代号	图 示	备 注
圆柱形轴孔	Y 型	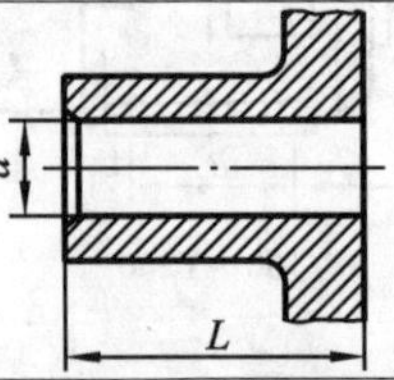 d, L	限用于长圆柱形轴伸电动机端
有沉孔的短圆柱形轴孔	J 型	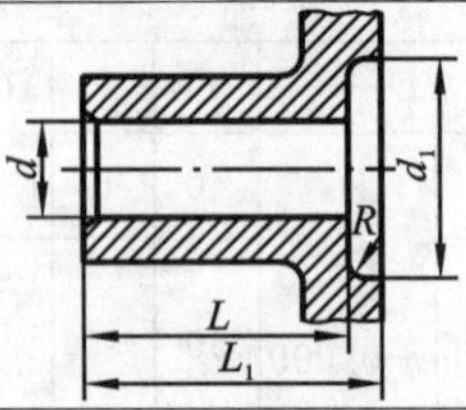 d, d_1, R, L, L_1	推荐选用
有沉孔的长圆锥形轴孔	Z 型	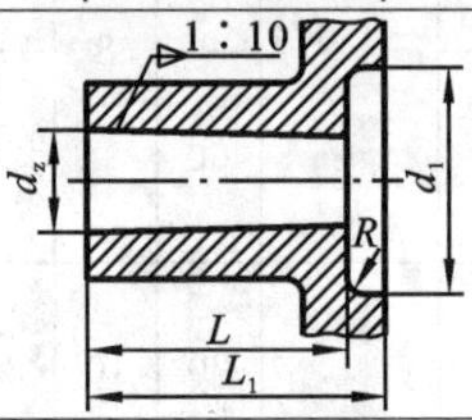 1∶10, d_z, d_1, R, L, L_1	
圆锥形轴孔	Z_1 型	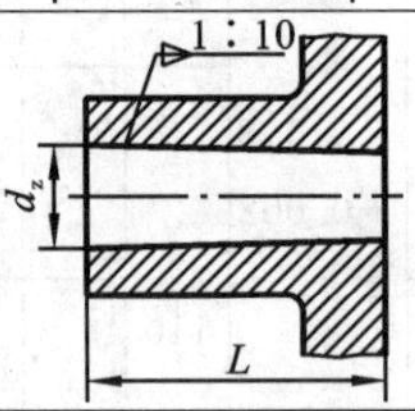 1∶10, d_z, L	

表 C-2 联结型式及代号(GB/T 3852—2008 摘录)

名 称	型式及代号	图 示
平键单键槽	A 型	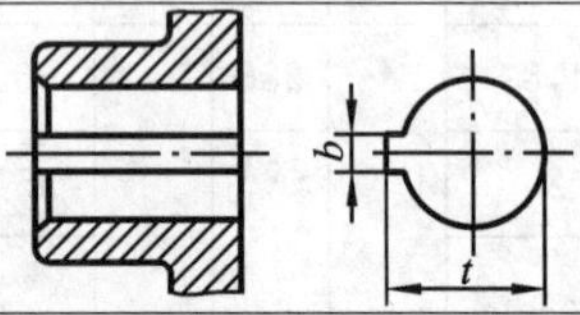 b, t
120°布置平键双键槽	B 型	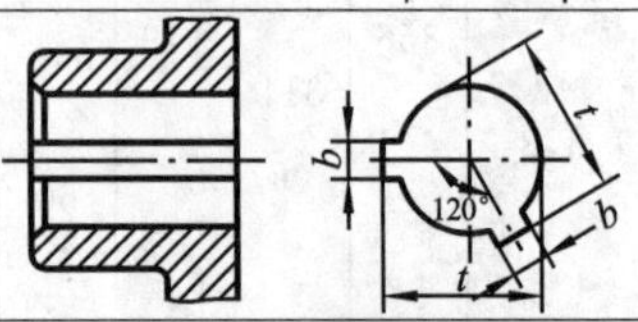 b, t, 120°, t, b
圆锥形轴孔平键单键槽	C 型	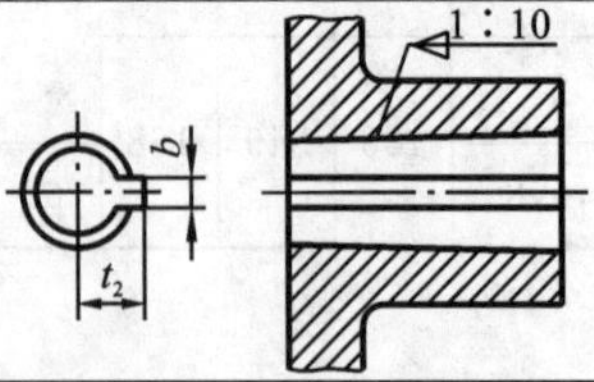 b, t_2, 1∶10

C2. 尺寸

表 C-3　Y 型、J 型圆柱形轴孔尺寸和 A、B 型键槽尺寸（GB/T 3852—2008 摘录）　（mm）

直径 d 公称尺寸	直径 d 极限偏差 H7	长度 L 长系列	长度 L 短系列	长度 L_1	沉孔尺寸 d_1	沉孔尺寸 R	A 型、B 型键槽 b 公称尺寸	A 型、B 型键槽 b 极限偏差 P9	A 型、B 型键槽 t 公称尺寸	A 型、B 型键槽 t 极限偏差	B 型键槽 T 位置度公差
16	+0.018 0	42	30	42	38	1.5	5	−0.012 −0.042	18.3	+0.10 0	0.03
18							6		20.8		
19	+0.021 0								21.8		
20		52	38	52					22.8		
22									24.8		
24							8	−0.015 −0.051	27.3	+0.20 0	0.04
25		62	44	62	48				28.3		
28									31.3		
30		82	60	82	55				33.3		
32	+0.025 0					2.0	10		35.3		
35									38.3		
38					65				41.3		
40		112	84	112			12	−0.018 −0.061	43.3		0.05
42									45.3		
45					80		14		48.8		
48									51.8		
50					95				53.8		
55	+0.030 0					2.5	16		59.3		
56									60.3		
60		142	107	142	105		18		64.4		
63									67.4		
65									69.4		
70					120		20	−0.022 −0.074	74.9		0.06
71									75.9		
75									79.9		
80		172	132	172	140		22		85.4		
85	+0.035 0					3.0			90.4		
90					160		25		95.4		
95		212	167	212					100.4		
100					180		28		106.4		
110									116.4		
120					210		32	−0.026 −0.088	127.4		0.08
125	+0.040 0					4.0			132.4		
130		252	202	252	235				137.4		

注：键槽宽度 b 的极限偏差，也可采用 GB/T 1095—2003 中规定的 JS9。

表 C-4　Z 型、Z_1 型圆柱形轴孔尺寸和 C 型键槽尺寸（GB/T 3852—2008 摘录）　(mm)

直径 d_z		长度			沉孔尺寸		C 型键槽				
公称尺寸	极限偏差 H10	L 长系列	L 短系列	L_1	d_1	R	b 公称尺寸	b 极限偏差 P9	t_2 长系列	t_2 短系列	t_2 极限偏差
16	+0.070 0	30	18	42	38	1.5	3	−0.006 −0.031	8.7	9.0	+0.100 0
18							4	−0.012 −0.042	10.1	10.4	
19	+0.084 0	38	24	52					10.6	10.9	
20									10.9	11.2	
22									11.9	12.2	
24							5		13.4	13.7	
25		44	26	62	48				13.7	14.2	
28									15.2	15.7	
30		60	38	82	55				15.8	16.4	
32	+0.100 0					2.0	6		17.3	17.9	
35									18.8	19.4	
38					65				20.3	20.9	
40		84	56	112			10	−0.015 −0.051	21.2	21.9	+0.200 0
42									22.2	22.9	
45					80		12	−0.018 −0.061	23.7	24.4	
48									25.2	25.9	
50					95				26.2	26.9	
55	+0.120 0					2.5	14		29.2	29.9	
56									29.7	30.4	
60		107	72	142	105		16		31.7	32.5	
63									32.2	34.0	
65									34.2	35.0	
70					120		18		36.8	37.6	
71									37.3	38.1	
75									39.3	40.1	
80		132	92	172	140		20	−0.022 −0.074	41.6	42.6	
85	+0.140 0					3.0			44.1	45.1	
90					160		22		47.1	48.1	
95									49.6	50.6	
100		167	122	212	180		25		51.3	52.4	
110									56.3	57.4	
120					210	4.0	28		62.3	63.4	
125	+0.160 0								64.8	65.9	
130		202	152	252	235				66.4	67.6	

注：①键槽宽度 b 的极限偏差，也可采用 GB/T 1095—2003 中规定的 JS9。

②锥孔直径 d_z 的极限偏差值按 IT10 级选取。

表 C-5　圆柱形轴孔与轴伸的配合(GB/T 3852—2008 摘录)

直径 d/mm	配合代号	
>6～30	H7/j6	根据使用要求，也可采用 H7/n6、H7/p6、H7/r6
>30～50	H7/k6	
>50	H7/m6	

表 C-6　圆锥形轴孔直径及轴孔长度的极限偏差(GB/T 3852—2008 摘录)　　(mm)

圆锥孔直径 d_z	孔 d_z 极限偏差	长度 L 极限偏差	圆锥孔直径 d_z	孔 d_z 极限偏差	长度 L 极限偏差
>6～10	+0.058 0	0 −0.220	>50～80	+0.120 0	0 −0.460
>10～18	+0.070 0	0 −0.270	>80～120	+0.140 0	0 −0.540
>18～30	+0.084 0	0 −0.330	>120～180	+0.160 0	0 −0.630
>30～50	+0.100 0	0 −0.390	>180～250	+0.185 0	0 −0.720

注：孔 d_z 的极限偏差值按 IT10 选取，长度 L 的极限偏差值按 IT13 选取。

键连接联轴器标记示例

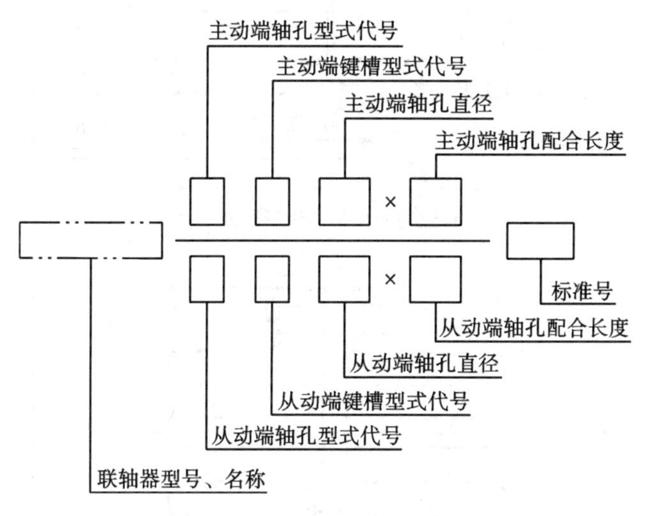

注：①Y 型孔、A 型键槽的代号，在标记中可省略不注；

②联轴器两端轴孔和键槽的型式与尺寸相同时，只标记一端，另一端省略不注。

示例 1：LX2 联轴器 $\dfrac{J_1B20\times38}{JB22\times38}$ GB/T 5014—2003

主动端：J_1 型轴孔，B 型键槽，d=20 mm，L=38 mm；从动端：J 型轴孔，B 型键槽，d=22 mm，L=38 mm

示例 2：LX5 联轴器 JB70×107 GB/T 5014—2003

主动端：J 型轴孔，B 型键槽，d=70 mm，L=107 mm；从动端：J 型轴孔，B 型键槽，d=70 mm，L=107 mm

C3. 联轴器

表 C-7　凸缘联轴器(GB/T 5843—2003 摘录)　　(mm)

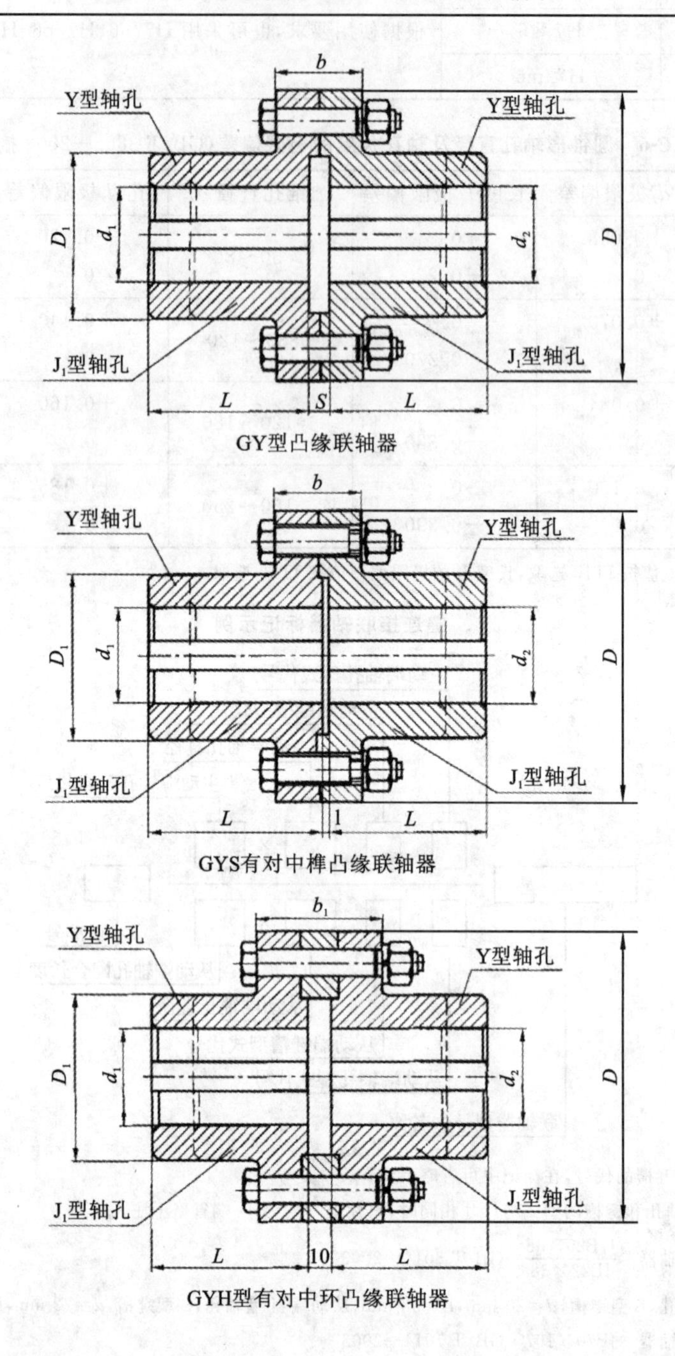

GY型凸缘联轴器

GYS有对中榫凸缘联轴器

GYH型有对中环凸缘联轴器

标记示例：

GY5 联轴器 $\dfrac{30\times 82}{J_1 B32\times 60}$ GB/T 5843—2003

主动端为 Y 型轴孔，A 型键槽，$d=30$ mm，$L=82$ mm；从动端为 J_1 型轴孔，B 型键槽，$d=32$ mm，$L=60$ mm

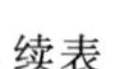

续表

型号	公称转矩 /(N·m)	许用转速 /(r/min)	轴孔直径 d_1、d_2	轴孔长度 L		D	D_1	b	b_1	S	质量 /kg	转动惯量 /(kg·m²)
				Y 型	J_1 型							
GY1 GYS1 GYH1	25	12000	12,14	32	27	80	30	26	42	6	1.16	0.0008
			16,18,19	42	30							
GY2 GYS2 GYH2	63	10000	16,18,19	42	30	90	40	28	44	6	1.72	0.0015
			20,22,24	52	38							
			25	62	44							
GY3 GYS3 GYH3	112	9500	20,22,24	52	38	100	45	30	46	6	2.38	0.0025
			25,28	62	44							
GY4 GYS4 GYH4	224	9000	25,28	62	44	105	55	32	48	6	3.15	0.003
			30,32,35	82	60							
GY5 GYS5 GYH5	400	8000	30,32,35,38	82	60	120	68	36	52	8	5.43	0.007
			40,42	112	84							
GY6 GYS6 GYH6	900	6800	38	82	60	140	80	40	56	8	7.59	0.015
			40,42,45,48,50	112	84							
GY7 GYS7 GYH7	1600	6000	48,50,55,56	112	84	160	100	40	56	8	13.1	0.031
			60,63	142	107							
GY8 GYS8 GYH8	3150	4800	60,63,65,70,71,75	142	107	200	130	50	68	10	27.5	0.103
			80	172	132							
GY9 GYS9 GYH9	6300	3600	75	142	107	260	160	66	84	10	47.8	0.319
			80,85,90,95	172	132							
			100	212	167							

注:①J_1型轴孔型式详见 GB/T 3852—2008;

②本联轴器不具备径向、轴向和角向的补偿功能,刚度高,适用于两轴对中、精度良好的一般轴系传动。

表 C-8　GICL 型鼓形齿式联轴器（JB/T 8854.3—2001 摘录）　（mm）

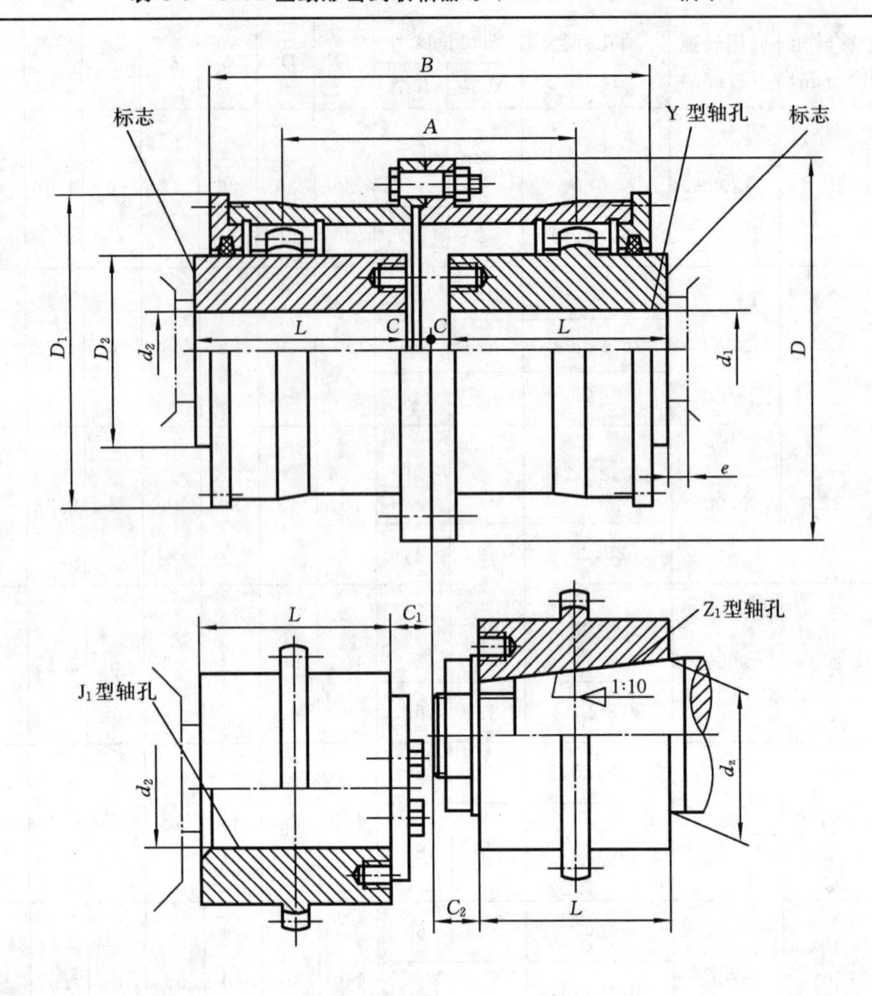

标记示例：

GICL4 联轴器 $\frac{50\times112}{J_1B45\times84}$ JB/T 8854.3—2001

主动端为 Y 型轴孔，A 型键槽，d=50 mm，L=112 mm；从动端为 J_1 型轴孔，B 型键槽，d=45 mm，L=84 mm

型号	公称转矩/(N·m)	许用转速/(r/min)	轴孔直径 d_1、d_2、d_z	孔轴长度 L		D	D_1	D_2	B	A	C	C_1	C_2	e	转动惯量/(kg·m²)	质量/kg
				Y 型	J_1、Z_1型											
GICL1	800	7100	16,18,19	42	—	125	95	60	115	75	20	—	—	30	0.009	5.9
			20,22,24	52	38						10	—	24			
			25,28	62	44						2.5	—	19			
			30,32,35,38	82	60							15	22			
GICL2	1400	6300	25,28	62	44	145	120	75	135	88	10.5	—	29	30	0.02	9.7
			30,32,35,38	82	60						2.5	12.5	30			
			40,42,45,48	112	84							13.5	28			

续表

<table>
<tr><th rowspan="2">型号</th><th rowspan="2">公称转矩/(N·m)</th><th rowspan="2">许用转速/(r/min)</th><th rowspan="2">孔轴直径 d_1、d_2、d_z</th><th colspan="2">孔轴长度 L</th><th rowspan="2">D</th><th rowspan="2">D_1</th><th rowspan="2">D_2</th><th rowspan="2">B</th><th rowspan="2">A</th><th rowspan="2">C</th><th rowspan="2">C_1</th><th rowspan="2">C_2</th><th rowspan="2">e</th><th rowspan="2">转动惯量/(kg·m^2)</th><th rowspan="2">质量/kg</th></tr>
<tr><th>Y型</th><th>J_1、Z_1型</th></tr>
<tr><td rowspan="3">GICL3</td><td rowspan="3">2800</td><td rowspan="3">5900</td><td>30,32,35,38</td><td>82</td><td>60</td><td rowspan="3">170</td><td rowspan="3">140</td><td rowspan="3">95</td><td rowspan="3">155</td><td rowspan="3">106</td><td rowspan="3">3</td><td>24.5</td><td>25</td><td rowspan="3">30</td><td rowspan="3">0.047</td><td rowspan="3">17.2</td></tr>
<tr><td>40,42,45,48,50,55,56</td><td>112</td><td>84</td><td rowspan="2">17</td><td>28</td></tr>
<tr><td>60</td><td>142</td><td>107</td><td>35</td></tr>
<tr><td rowspan="3">GICL4</td><td rowspan="3">5000</td><td rowspan="3">5400</td><td>32,35,38</td><td>82</td><td>60</td><td rowspan="3">195</td><td rowspan="3">165</td><td rowspan="3">115</td><td rowspan="3">178</td><td rowspan="3">125</td><td>14</td><td>37</td><td>32</td><td rowspan="3">30</td><td rowspan="3">0.091</td><td rowspan="3">24.9</td></tr>
<tr><td>40,42,45,48,50,55,56</td><td>112</td><td>84</td><td rowspan="2">3</td><td rowspan="2">17</td><td>28</td></tr>
<tr><td>60,63,65,70</td><td>142</td><td>107</td><td>35</td></tr>
<tr><td rowspan="3">GICL5</td><td rowspan="3">8000</td><td rowspan="3">5000</td><td>40,42,45,48,50,55,56</td><td>112</td><td>84</td><td rowspan="3">225</td><td rowspan="3">183</td><td rowspan="3">130</td><td rowspan="3">198</td><td rowspan="3">142</td><td rowspan="3">3</td><td>25</td><td>28</td><td rowspan="3">30</td><td rowspan="3">0.167</td><td rowspan="3">38</td></tr>
<tr><td>60,63,65,70,71,75</td><td>142</td><td>107</td><td>20</td><td>35</td></tr>
<tr><td>80</td><td>172</td><td>132</td><td>22</td><td>43</td></tr>
<tr><td rowspan="3">GICL6</td><td rowspan="3">11200</td><td rowspan="3">4800</td><td>48,50,55,56</td><td>112</td><td>84</td><td rowspan="3">240</td><td rowspan="3">200</td><td rowspan="3">145</td><td rowspan="3">218</td><td rowspan="3">160</td><td>6</td><td>35</td><td>35</td><td rowspan="3">30</td><td rowspan="3">0.267</td><td rowspan="3">48.2</td></tr>
<tr><td>60,63,65,70,71,75</td><td>142</td><td>107</td><td rowspan="2">4</td><td>20</td><td>35</td></tr>
<tr><td>80,85,90</td><td>172</td><td>132</td><td>22</td><td>43</td></tr>
<tr><td rowspan="3">GICL7</td><td rowspan="3">15000</td><td rowspan="3">4500</td><td>60,63,65,70,71,75</td><td>142</td><td>107</td><td rowspan="3">260</td><td rowspan="3">230</td><td rowspan="3">160</td><td rowspan="3">244</td><td rowspan="3">180</td><td rowspan="3">4</td><td>35</td><td>35</td><td rowspan="3">30</td><td rowspan="3">0.453</td><td rowspan="3">68.9</td></tr>
<tr><td>80,85,90,95</td><td>172</td><td>132</td><td rowspan="2">22</td><td>43</td></tr>
<tr><td>100</td><td>212</td><td>167</td><td>48</td></tr>
<tr><td rowspan="3">GICL8</td><td rowspan="3">21200</td><td rowspan="3">4000</td><td>65,70,71,75</td><td>142</td><td>107</td><td rowspan="3">280</td><td rowspan="3">245</td><td rowspan="3">175</td><td rowspan="3">264</td><td rowspan="3">193</td><td rowspan="3">5</td><td>35</td><td>35</td><td rowspan="3">30</td><td rowspan="3">0.646</td><td rowspan="3">83.3</td></tr>
<tr><td>80,85,90,95</td><td>172</td><td>132</td><td rowspan="2">22</td><td>43</td></tr>
<tr><td>100,110</td><td>212</td><td>167</td><td>48</td></tr>
</table>

注:①J_1型轴孔型式详见 GB/T 3852—2008,根据需要可以不使用轴端垫圈;

②本联轴器具有良好的补偿两轴综合位移的能力,外形尺寸小,承载能力高,能在高速下可靠地工作,适合用于重型机械及长轴连接,但不宜用于立轴的连接。

表 C-9　弹性套柱销联轴器(GB/T 4323—2002 摘录)　(mm)

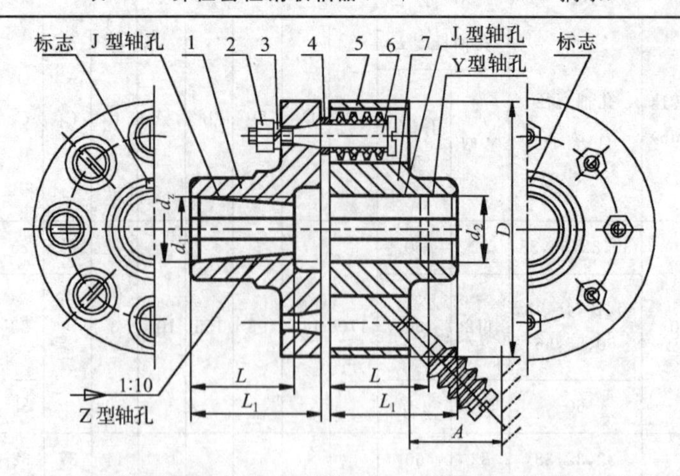

1、7—半联轴器；2—螺母；3—弹簧垫圈；4—挡圈；5—弹性套；6—柱销

标记示例：LT3 联轴器 $\frac{ZC16\times30}{JB18\times30}$ GB/T 4323—2002

主动端为 Z 型轴孔，C 型键槽，d_z=16 mm，L=30 mm；从动端为 J 型轴孔，B 型键槽，d=18 mm，L=30 mm

<table>
<tr><th rowspan="3">型号</th><th rowspan="3">公称转矩
/(N·m)</th><th rowspan="3">许用转速
/(r/min)</th><th rowspan="3">轴孔直径
d_1、d_2、d_z</th><th colspan="3">轴孔长度</th><th rowspan="3">$L_{推荐}$</th><th rowspan="3">D</th><th rowspan="3">A</th><th rowspan="3">质量
/kg</th><th rowspan="3">转动惯量
/(kg·m²)</th></tr>
<tr><th>Y 型</th><th colspan="2">J、J_1、Z 型</th></tr>
<tr><th>L</th><th>L</th><th>L_1</th></tr>
<tr><td rowspan="3">LT1</td><td rowspan="3">6.3</td><td rowspan="3">8800</td><td>9</td><td>20</td><td>14</td><td rowspan="3">—</td><td rowspan="3">25</td><td rowspan="3">71</td><td rowspan="5">18</td><td rowspan="3">0.82</td><td rowspan="3">0.0005</td></tr>
<tr><td>10,11</td><td>25</td><td>17</td></tr>
<tr><td>12,14</td><td rowspan="2">32</td><td rowspan="2">20</td></tr>
<tr><td rowspan="2">LT2</td><td rowspan="2">16</td><td rowspan="2">7600</td><td>12,14</td><td rowspan="3">42</td><td rowspan="2">35</td><td rowspan="2">80</td><td rowspan="2">1.20</td><td rowspan="2">0.0008</td></tr>
<tr><td>16,18,19</td><td rowspan="2">42</td><td rowspan="2">30</td></tr>
<tr><td rowspan="2">LT3</td><td rowspan="2">31.5</td><td rowspan="2">6300</td><td>16,18,19</td><td rowspan="2">38</td><td rowspan="2">95</td><td rowspan="4">35</td><td rowspan="2">2.20</td><td rowspan="2">0.0023</td></tr>
<tr><td>20,22</td><td rowspan="2">52</td><td rowspan="2">38</td><td rowspan="2">52</td></tr>
<tr><td rowspan="2">LT4</td><td rowspan="2">63</td><td rowspan="2">5700</td><td>20,22,24</td><td rowspan="2">40</td><td rowspan="2">106</td><td rowspan="2">2.84</td><td rowspan="2">0.0037</td></tr>
<tr><td>25,28</td><td rowspan="2">62</td><td rowspan="2">44</td><td rowspan="2">62</td></tr>
<tr><td rowspan="2">LT5</td><td rowspan="2">125</td><td rowspan="2">4600</td><td>25,28</td><td rowspan="2">50</td><td rowspan="2">130</td><td rowspan="5">45</td><td rowspan="2">6.05</td><td rowspan="2">0.0120</td></tr>
<tr><td>30,32,35</td><td rowspan="2">82</td><td rowspan="2">60</td><td rowspan="2">82</td></tr>
<tr><td rowspan="2">LT6</td><td rowspan="2">250</td><td rowspan="2">3800</td><td>32,35,38</td><td rowspan="2">55</td><td rowspan="2">160</td><td rowspan="2">9.57</td><td rowspan="2">0.0280</td></tr>
<tr><td>40,42</td><td rowspan="2">112</td><td rowspan="2">84</td><td rowspan="2">112</td></tr>
<tr><td>LT7</td><td>500</td><td>3600</td><td>40,42,45,48</td><td>65</td><td>190</td><td>14.01</td><td>0.0550</td></tr>
<tr><td rowspan="2">LT8</td><td rowspan="2">710</td><td rowspan="2">3000</td><td>45,48,50,55,56</td><td rowspan="2">142</td><td rowspan="2">107</td><td rowspan="2">142</td><td rowspan="2">70</td><td rowspan="2">224</td><td rowspan="4">65</td><td rowspan="2">23.12</td><td rowspan="2">0.1340</td></tr>
<tr><td>60,63</td></tr>
<tr><td rowspan="2">LT9</td><td rowspan="2">1000</td><td rowspan="2">2850</td><td>50,55,56</td><td>112</td><td>84</td><td>112</td><td rowspan="2">80</td><td rowspan="2">250</td><td rowspan="2">30.69</td><td rowspan="2">0.2130</td></tr>
<tr><td>60,63,65,70,71</td><td rowspan="2">142</td><td rowspan="2">107</td><td rowspan="2">142</td></tr>
<tr><td rowspan="2">LT10</td><td rowspan="2">2000</td><td rowspan="2">2300</td><td>63,65,70,71,75</td><td rowspan="2">100</td><td rowspan="2">315</td><td rowspan="2">80</td><td rowspan="2">61.40</td><td rowspan="2">0.6600</td></tr>
<tr><td>80,85,90,95</td><td rowspan="2">172</td><td rowspan="2">132</td><td rowspan="2">172</td></tr>
<tr><td rowspan="2">LT11</td><td rowspan="2">4000</td><td rowspan="2">1800</td><td>80,85,90,95</td><td rowspan="2">115</td><td rowspan="2">400</td><td rowspan="2">100</td><td rowspan="2">120.70</td><td rowspan="2">2.1220</td></tr>
<tr><td>100,110</td><td rowspan="2">212</td><td rowspan="2">167</td><td rowspan="2">212</td></tr>
<tr><td rowspan="2">LT12</td><td rowspan="2">8000</td><td rowspan="2">1450</td><td>100,110,120,125</td><td rowspan="2">135</td><td rowspan="2">475</td><td rowspan="2">130</td><td rowspan="2">210.34</td><td rowspan="2">5.3900</td></tr>
<tr><td>130</td><td>252</td><td>202</td><td>252</td></tr>
<tr><td rowspan="3">LT13</td><td rowspan="3">16000</td><td rowspan="3">1150</td><td>120,125</td><td>212</td><td>167</td><td>212</td><td rowspan="3">160</td><td rowspan="3">600</td><td rowspan="3">180</td><td rowspan="3">419.36</td><td rowspan="3">17.5800</td></tr>
<tr><td>130,140,150</td><td>252</td><td>202</td><td>252</td></tr>
<tr><td>160,170</td><td>302</td><td>242</td><td>302</td></tr>
</table>

注：①J_1型轴孔型式详见 GB/T 3852—2008；

②质量、转动惯量按材料为铸钢、无孔、$L_{推荐}$计算近似值；

③本联轴器具有一定的补偿两轴线相对偏移和减振缓冲能力，适用于安装底座刚度高、冲击载荷不大的中、小功率轴系传动，可用于经常正反转、启动频繁的场合，工作温度为−20～+70 ℃。

表 C-10　弹性柱销联轴器(GB/T 5014—2003 摘录)　　(mm)

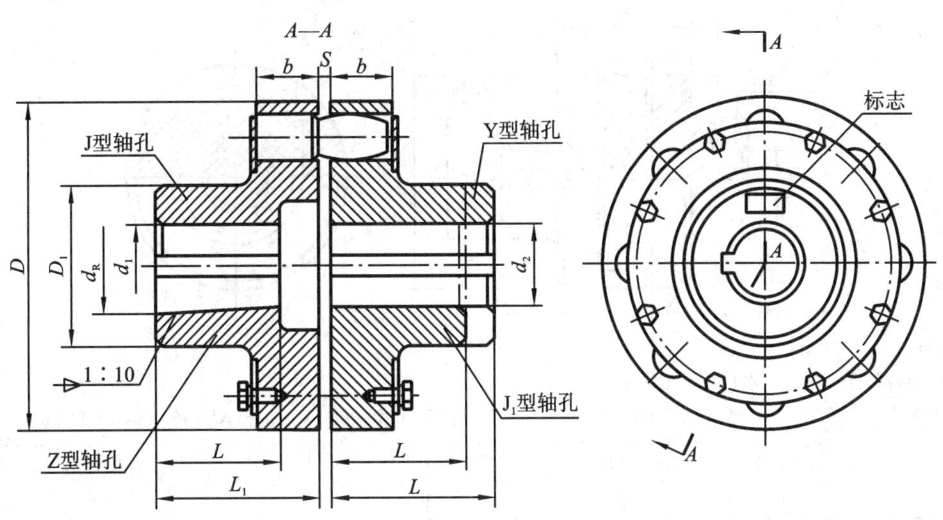

标记示例：

LX7 联轴器 $\frac{\text{ZC75}\times 107}{\text{JB70}\times 107}$ GB/T 5014—2003

主动端为 Z 型轴孔，C 型键槽，$d_z=75$ mm，$L=107$ mm；从动端为 J 型轴孔，B 型键槽，$d=70$ mm，$L=107$ mm

型号	公称转矩 /(N·m)	许用转速 /(r/min)	轴孔直径 d_1、d_2、d_z	轴孔长度 Y 型	轴孔长度 J、J_1、Z 型		D	D_1	b	S	质量 /kg	转动惯量 /(kg·m²)
				L	L	L_1						
LX1	250	8500	12,14	32	27	—	90	40	20	2.5	2	0.002
			16,18,19	42	30	42						
			20,22,24	52	38	52						
LX2	560	6300	20,22,24				120	55	28	2.5	5	0.009
			25,28	62	44	62						
			30,32,35	82	60	82						
LX3	1250	4700	30,32,35,38				160	75	36	2.5	8	0.026
			40,42,45,48	112	84	112						
LX4	2500	3870	40,42,45,48,50,55,56				195	100	45	3	22	0.109
			60,63	142	107	142						
LX5	3150	3450	50,55,56	112	84	112	220	120	45	3	30	0.191
			60,63,65,70,71,75	142	107	142						
LX6	6300	2720	60,63,65,70,71,75				280	140	56	4	53	0.543
			80,85	172	132	172						
LX7	11200	2360	70,71,75	142	107	142	320	170	56	4	98	1.314
			80,85,90,95	172	132	172						
			100,110	212	167	212						
LX8	16000	2120	80,85,90,95	172	132	172	360	200	56	4	119	2.023
			100,110,120,125	212	167	212						
LX9	22400	1850	100,110,120,125				410	230	63	5	197	4.386
			130,140	252	202	252						
LX10	35500	1600	110,120,125	212	167	212	480	280	75	6	322	9.760
			130,140,150	252	202	252						
			160,170,180	302	242	302						

注：①J_1型轴孔型式详见 GB/T 3852—2008；

②本联轴器适用于连接两同轴线的传动轴系，并具有补偿两轴相对位移和一般减振性能，工作温度为−20～+70 ℃。

表 C-11 滑块联轴器(JB/ZQ 4384—2006 摘录) (mm)

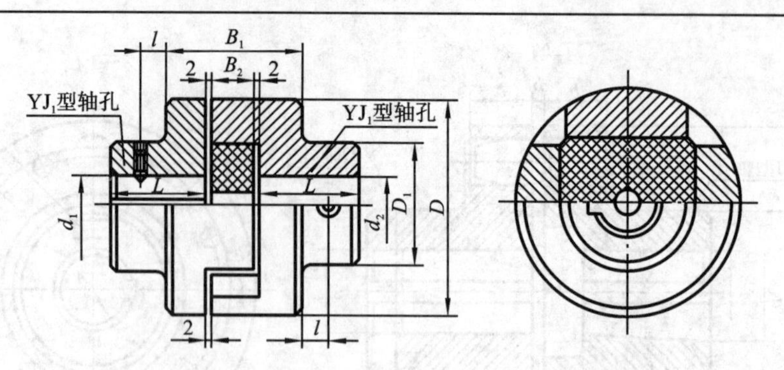

标记示例:

WH6 联轴器 45×112 JB/ZQ 4384—2006

主动端为 Y 型轴孔,A 型键槽,d=45 mm,L=112 mm;从动端为 Y 型轴孔,A 型键槽,d=45 mm,L=112 mm

型号	公称转矩 /(N·m)	许用转速 /(r/min)	轴孔直径 d_1、d_2	轴孔长度 L Y	轴孔长度 L J_1	D	D_1	B_1	B_2	l	质量 /kg	转动惯量 /(kg·m²)
WH1	16	10000	10,11	25	22	40	30	52	13	5	0.6	0.0007
			12,14	32	27							
WH2	31.5	8200	12,14	32	27	50	32	56	18	5	1.5	0.0038
			16,(17),18	42	30							
WH3	63	7000	(17),18,19	42	30	70	40	60	18	5	1.8	0.0063
			20,22	52	38							
WH4	160	5700	20,22,24	52	38	80	50	64	18	8	2.5	0.013
			25,28	62	44							
WH5	280	4700	25,28	62	44	100	70	75	23	10	5.8	0.045
			30,32,35	82	60							
WH6	500	3800	30,32,35,38	82	60	120	80	90	33	15	9.5	0.12
			40,42,45	112	84							
WH7	900	3200	40,42,45,48	112	84	150	100	120	38	25	25	0.43
			50,55	112	84							
WH8	1800	2400	50,55	112	84	190	120	150	48	25	55	1.98
			60,63,65,70	142	107							
WH9	3550	1800	65,70,75	142	107	250	150	180	58	25	85	4.9
			80,85	172	132							
WH10	5000	1500	80,85,90,95	172	132	330	190	180	58	40	120	7.5
			100	212	167							

注:①J_1型轴孔型式详见 GB/T 3852—2008;

②表中联轴器质量和转动惯量是按最小轴孔直径和最大长度计算的近似值;

③装配时两轴的许用补偿量:轴向 Δx=1~2 mm;径向 $\Delta y \leqslant$0.2 mm;角向 $\Delta\alpha \leqslant 40'$;

④括号内的数值尽量不选用;

⑤本联轴器具有一定补偿两轴相对偏移量、减振和缓冲性能,适用于中、小功率,转速较高,转矩较小的轴系传动,工作温度为-20~+70 ℃。

附录D 螺　纹

D1. 普通螺纹

表 D-1 普通螺纹基本尺寸(GB/T 196—2003 摘录)　(mm)

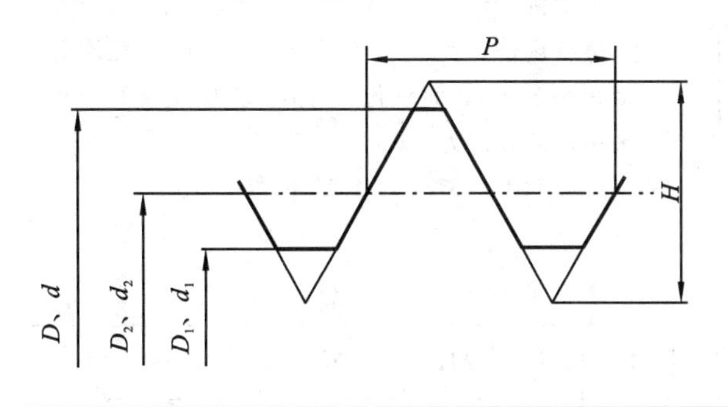

D、d—内、外螺纹大径(公称直径)
D_2、d_2—内、外螺纹中径
D_1、d_1—内、外螺纹小径
P—螺距
H—原始三角形高度
$H=0.866025404P$
$D_2=D-0.75H=D-0.6495P$
$d_2=d-0.75H=d-0.6495P$
$D_1=D-1.25H=D-1.0825P$
$d_1=d-1.25H=d-1.0825P$

公称直径 D、d		螺距	中径	小径	公称直径 D、d		螺距	中径	小径
第一系列	第二系列	P	D_2或d_2	D_1或d_1	第一系列	第二系列	P	D_2或d_2	D_1或d_1
1.6		0.35	1.373	1.221	12		1.75	10.863	10.106
		0.2	1.470	1.383			1.5	11.026	10.376
	1.8	0.35	1.573	1.421			1.25	11.188	10.647
		0.2	1.670	1.583			1	11.350	10.917
2		0.4	1.740	1.567		14	2	12.071	11.835
		0.25	1.838	1.729			1.5	13.026	12.376
	2.2	0.45	1.908	1.713			(1.25)	13.188	12.647
		0.25	2.038	1.929			1	13.350	12.917
2.5		0.45	2.208	2.013	16		2	14.701	13.835
		0.35	2.273	2.121			1.5	15.026	14.376
3		0.5	2.675	2.459			1	15.350	14.917
		0.35	2.773	2.621		18	2.5	16.376	15.294
	3.5	(0.6)	3.110	2.850			2	16.701	15.825
		0.35	3.273	3.121			1.5	17.026	16.376
4		0.7	3.545	3.242			1	17.350	16.917
		0.5	3.675	3.459	20		2.5	18.376	17.294
	4.5	(0.75)	4.013	3.688			2	18.701	17.835
		0.5	4.175	3.959			1.5	19.026	18.376
5		0.8	4.480	4.134			1	19.350	18.917
		0.5	4.675	4.459		22	2.5	20.376	19.294
6		1	5.350	4.917			2	20.701	19.835
		0.75	5.513	5.188			1.5	21.036	20.376
	7	1	6.350	5.917			1	21.350	20.917
		0.75	6.513	6.188	24		3	22.051	20.752
8		1.25	7.188	6.647			2	22.701	21.835
		1	7.350	6.917			1.5	23.026	22.376
		0.75	7.513	7.188			1	23.350	22.917
10		1.5	9.026	8.376		27	3	25.051	23.752
		1.25	9.188	8.647			2	25.701	24.835
		1	9.350	8.917			1.5	26.026	25.376
		0.75	9.513	9.188			1	26.350	25.917

注:①优先选用第一系列,其次是第二系列,第三系列(表中未列出)尽可能不用;
②括号内尺寸尽可能不用。

D2. 螺栓

表 D-2　六角头螺栓——A 级和 B 级(GB/T 5782—2000 摘录)　　(mm)

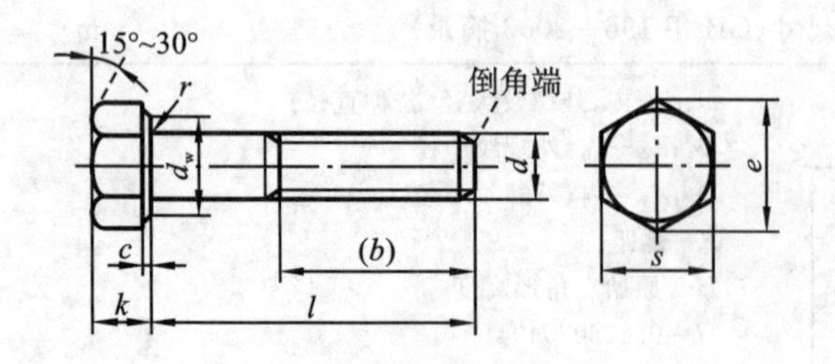

标记示例：

螺纹规格 d=12、公称长度 l=80 mm、性能等级为 8.8 级、表面氧化、产品等级为 A 级的六角头螺栓的标记为

螺栓 GB/T 5782　M12×80

螺纹规格 d			M3	M4	M5	M6	M8	M10	M12	M16	M20	M24	M30	M36
螺距 P			0.5	0.7	0.8	1	1.25	1.5	1.75	2	2.5	3	3.5	4
b 参考	l≤125		12	14	16	18	22	26	30	38	46	54	66	—
	125<l≤200		18	20	22	24	28	32	36	44	52	60	72	84
	l>200		31	33	35	37	41	45	49	57	65	73	85	97
c	max		0.4	0.4	0.5	0.5	0.6	0.6	0.6	0.8	0.8	0.8	0.8	0.8
	min		0.15	0.15	0.15	0.15	0.15	0.15	0.15	0.2	0.2	0.2	0.2	0.2
d_w	min	A	4.57	5.88	6.88	8.88	11.63	14.63	16.63	22.49	28.19	33.61	—	—
		B	4.45	5.74	6.74	8.74	11.47	14.47	16.47	22	27.7	33.25	42.75	51.11
e	min	A	6.01	7.66	8.79	11.05	14.38	17.77	20.03	26.75	33.53	39.98	—	—
		B	5.88	7.50	8.63	10.89	14.20	17.59	19.85	26.17	32.95	39.55	50.85	60.79
k	公称		2	2.8	3.5	4	5.3	6.4	7.5	10	12.5	15	18.7	22.5
r	min		0.1	0.2	0.2	0.25	0.4	0.4	0.6	0.6	0.8	0.8	1	1
s	公称		5.5	7	8	10	13	16	18	24	30	36	46	55
l 范围			20~30	25~40	25~50	30~60	40~80	45~100	50~120	65~160	80~200	90~240	110~300	140~360
l 系列			12,16,20,25,30,35,40,45,50,55,60,65,70,80,90,100,110,120,130,140,150,160,180,200,220,240,260,280,300,320,340,360,380,400,420,440,460,480,500											

注：A、B 为产品等级，A 级用于 1.6 mm≤d≤24 mm 和 l≤10d 或 l≤150 mm(按较小值)的螺栓；B 级用于 d>24 mm 或 l>10d 或 l>150 mm(按较小值)的螺栓。

D3. 螺钉

表 D-3 吊环螺钉(GB 825—1988 摘录) (mm)

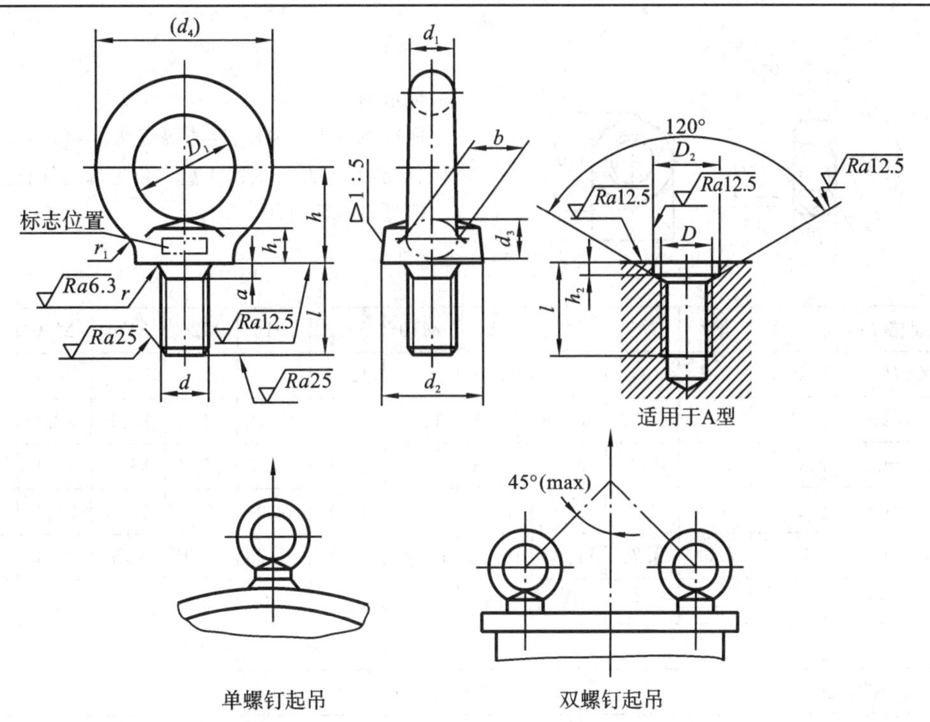

单螺钉起吊　　双螺钉起吊

标记示例：

规格为 M20 mm，材料为 20 钢，经正火处理，不经表面处理的 A 型吊环螺钉的标记为

螺钉 GB 825—1988　M20

规格(d)		M8	M10	M12	M16	M20	M24	M30	M36	M42	M48
d_1	max	9.1	11.1	13.1	15.2	17.4	21.4	25.7	30	34.4	40.7
D_1	公称	20	24	28	34	40	48	56	67	80	95
d_2	max	21.1	25.1	29.1	35.2	41.4	49.4	57.7	69	82.4	97.7
h_1	max	7	9	11	13	15.1	19.1	23.2	27.4	31.7	36.9
l	公称	16	20	22	28	35	40	45	55	65	70
d_4	参考	36	44	52	62	72	88	104	123	144	171
h		18	22	26	31	36	44	53	63	74	87
r_1		4	4	6	6	8	12	15	18	20	22
r	min	1	1	1	1	1	2	2	3	3	3
d_3	公称(max)	6	7.7	9.4	13	16.4	19.6	25	30.8	35.6	41
a	max	2.5	3	3.5	4	5	6	7	8	9	10
b		10	12	14	16	19	24	28	32	38	46
D_2	公称(min)	13	15	17	22	28	32	38	45	52	60
h_2	公称(min)	2.5	3	3.5	4.5	5	7	8	9.5	10.5	11.5
单螺钉起吊最大质量/t		0.16	0.25	0.4	0.63	1	1.6	2.5	4	6.3	8
双螺钉起吊最大质量/t		0.08	0.125	0.2	0.32	0.5	0.8	1.25	2	3.2	4

D4. 螺母

表 D-4　1 型六角螺母——A 和 B 级（GB/T 6170—2000 摘录）　(mm)

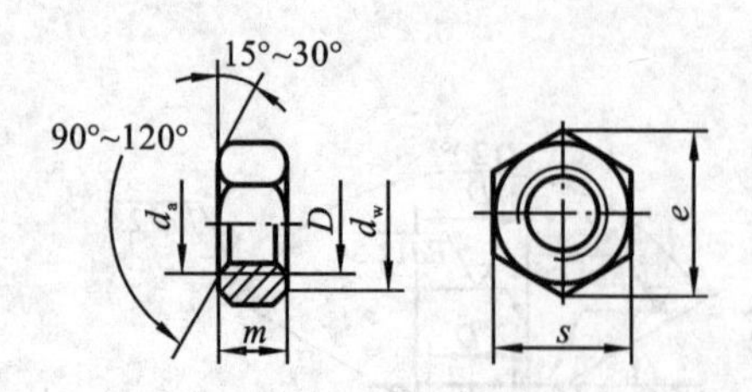

标记示例：

螺纹规格 D=M12、性能等级为 8 级、不经表面处理、产品等级为 A 级的 1 型六角螺母的标记为

螺母 GB/T 6170　M12

螺纹规格 D		M3	M4	M5	M6	M8	M10	M12	M16	M20	M24	M30	M36
螺距 P		0.5	0.7	0.8	1	1.25	1.5	1.75	2	2.5	3	3.5	4
d_a	max	3.45	4.6	5.75	6.75	8.75	10.8	13	17.3	21.6	25.9	32.4	38.9
d_w	min	4.6	5.9	6.9	8.9	11.6	14.6	16.6	22.5	27.7	33.3	42.8	51.1
m	max	2.4	3.2	4.7	5.2	6.8	8.4	10.8	14.8	18	21.5	25.6	31
e	min	6.01	7.66	8.79	11.05	14.38	17.77	20.03	26.75	32.95	39.55	50.85	60.79
s	max	5.5	7	8	10	13	16	18	24	30	36	46	55
性能等级	钢	6、8、10											
	不锈钢	A2-70、A4-70										A2-50、A4-50	
	有色金属	CU2、CU3、AL4											

注：①螺纹的公差为 6H；

②A、B 为产品等级，A 级用于 $D \leqslant 16$ mm，B 级用于 $d > 16$ mm。

D5. 垫圈

表 D-5　平垫圈　A 级（GB/T 97.1—2002 摘录）　(mm)

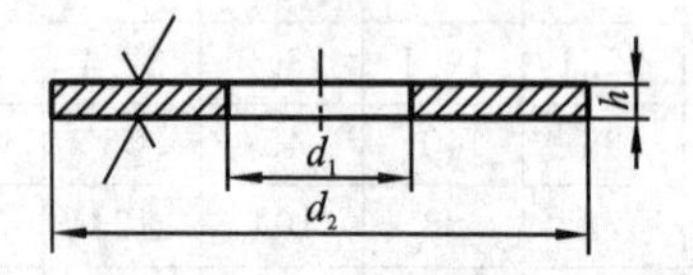

$\sqrt{}$ = { $\sqrt{Ra\ 1.6}$ 用于 $h \leqslant 3$ mm；$\sqrt{Ra\ 3.2}$ 用于 3 mm $< h \leqslant 6$ mm；$\sqrt{Ra\ 6.3}$ 用于 $h > 6$ mm

标记示例：

标准系列、公称规格 8 mm、由钢制造的硬度等级为 200HV 级、不经表面处理、产品等级为 A 级的平垫圈的标记为

垫圈 GB/T 97.1　8

公称规格（螺纹大径 d）		1.6	2	2.5	3	4	5	6	8	10	12	16	20	24	30	36
d_1	公称(min)	1.7	2.2	2.7	3.2	4.3	5.3	6.4	8.4	10.5	13	17	21	25	31	37
d_2	公称(max)	4	5	6	7	9	10	12	16	20	24	30	37	44	56	66
h	公称	0.3	0.3	0.5	0.5	0.8	1	1.6	1.6	2	2.5	3	3	4	4	5

表 D-6　平垫圈倒角型 A 级(GB/T 97.2—2002 摘录)　(mm)

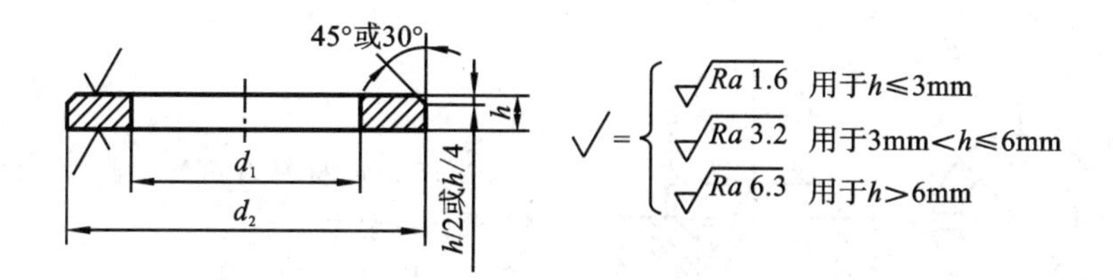

标记示例：

标准系列、公称规格 8 mm、由钢制造的硬度等级为 200HV 级、不经表面处理、产品等级为 A 级的倒角型平垫圈的标记为

垫圈 GB/T 97.2　8

公称规格（螺纹大径 d）		5	6	8	10	12	16	20	24	30	36
d_1	公称(min)	5.3	6.4	8.4	10.5	13	17	21	25	31	37
d_2	公称(max)	10	12	16	20	24	30	37	44	56	66
h	公称	1	1.6	1.6	2	2.5	3	3	4	4	5

表 D-7　小垫圈 A 级(GB/T 848—2002 摘录)　(mm)

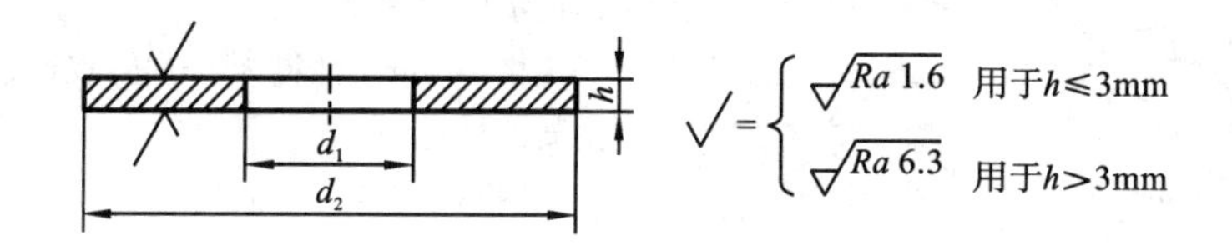

标记示例：

小系列、公称规格 8 mm、由钢制造的硬度等级为 200HV 级、不经表面处理、产品等级为 A 级的平垫圈的标记为

垫圈 GB/T 848　8

公称规格（螺纹大径 d）		1.6	2	2.5	3	4	5	6	8	10	12	16	20	24	30	36
d_1	公称(min)	1.7	2.2	2.7	3.2	4.3	5.3	6.4	8.4	10.5	13	17	21	25	31	37
d_2	公称(max)	3.5	4.5	5	6	8	9	11	15	18	20	28	34	39	50	60
h	公称	0.3	0.3	0.5	0.5	0.5	1	1.6	1.6	1.6	2	2.5	3	4	4	5

表 D-8　标准型弹簧垫圈(GB 93—1987 摘录)　(mm)

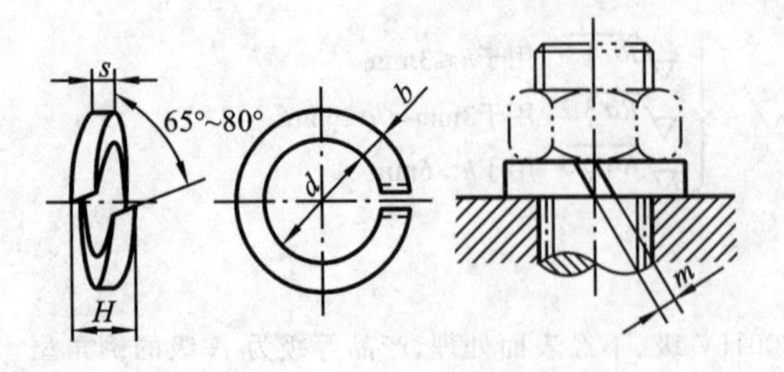

标记示例：

规格 16 mm、材料为 65Mn、表面氧化的标准型弹簧垫圈的标记为

垫圈 GB 93—1987　16

规格(螺纹大径)		3	4	5	6	8	10	12	16	20	24	30	36
d	min	3.1	4.1	5.1	6.1	8.1	10.2	12.2	16.2	20.2	24.5	30.5	36.5
s	公称	0.8	1.1	1.3	1.6	2.1	2.6	3.1	4.1	5	6	7.5	9
b	公称	0.8	1.1	1.3	1.6	2.1	2.6	3.1	4.1	5	6	7.5	9
H	min	1.6	2.2	2.6	3.2	4.2	5.2	6.2	8.2	10	12	15	18
	max	2	2.75	3.25	4	5.25	6.5	7.75	10.25	12.5	15	18.75	22.5
$m\leqslant$		0.4	0.55	0.65	0.8	1.05	1.3	1.55	2.05	2.5	3	3.75	4.5

表 D-9　轻型弹簧垫圈(GB 859—1987 摘录)　(mm)

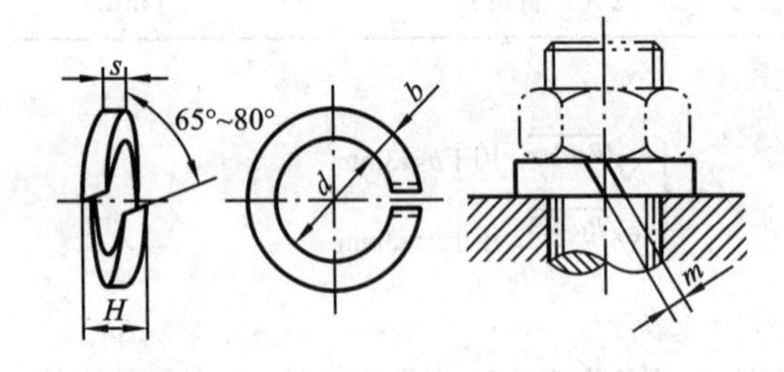

标记示例：

规格 16 mm、材料为 65Mn、表面氧化的轻型弹簧垫圈的标记为

垫圈 GB 859—1987 16

规格(螺纹大径)		3	4	5	6	8	10	12	16	20	24	30
d	min	3.1	4.1	5.1	6.1	8.1	10.2	12.2	16.2	20.2	24.5	30.5
s	公称	0.6	0.8	1.1	1.3	1.6	2	2.5	3.2	4	5	6
b	公称	1	1.2	1.5	2	2.5	3	3.5	4.5	5.5	7	9
H	min	1.2	1.6	2.2	2.6	3.2	4	5	6.4	8	10	12
	max	1.5	2	2.75	3.25	4	5	6.25	8	10	12.5	15
$m\leqslant$		0.3	0.4	0.55	0.65	0.8	1.0	1.25	1.6	2.0	2.5	3.0

附录E 键 连 接

E1. 普通平键

表 E-1 普通型平键(GB/T 1096—2003 摘录)及平键、键槽的剖面尺寸(GB/T 1095—2003 摘录)

(mm)

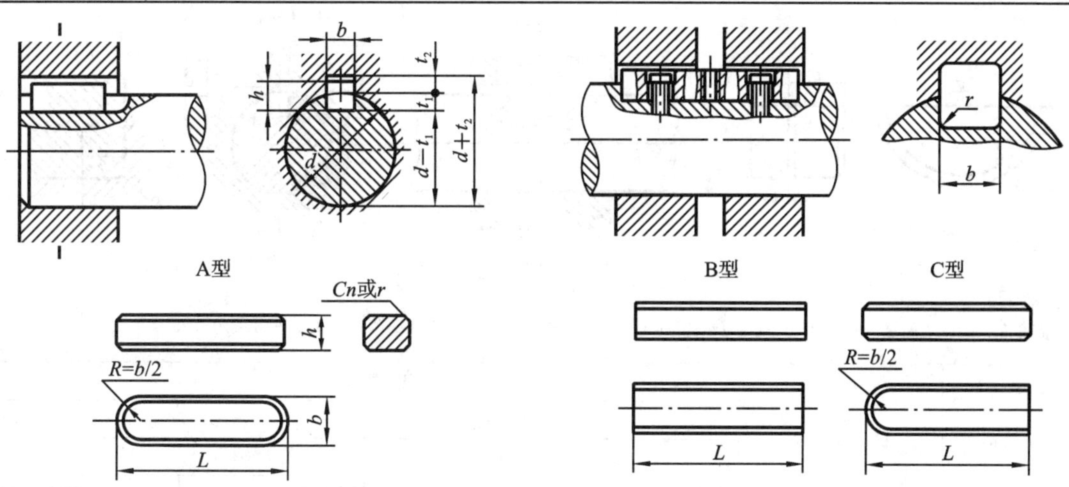

标记示例:

宽度 b=16 mm、高度 h=10 mm、长度 L=100 mm 普通 A 型平键的标记为 GB/T 1096 键 16×10×100

宽度 b=16 mm、高度 h=10 mm、长度 L=100 mm 普通 B 型平键的标记为 GB/T 1096 键 B16×10×100

宽度 b=16 mm、高度 h=10 mm、长度 L=100 mm 普通 C 型平键的标记为 GB/T 1096 键 C16×10×100

轴径 d	键尺寸		键槽尺寸											
			宽度 b						深度				半径 r	
				极限偏差					轴 t_1		毂 t_2			
	$b\times h$	L	基本尺寸	松连接		正常连接		紧密连接						
				轴 H9	毂 D10	轴 N9	毂 JS9	轴和毂 P9	基本尺寸	极限偏差	基本尺寸	极限偏差	min	max
自 6~8	2×2	6~20	2	+0.025	+0.060	−0.004	±0.0125	−0.006	1.2	+0.1 0	1	+0.1 0	0.08	0.16
>8~10	3×3	6~36	3	0	+0.020	−0.029		−0.031	1.8		1.4			
>10~12	4×4	8~45	4	+0.030 0	+0.078 +0.030	0 −0.030	±0.015	−0.012 −0.042	2.5		1.8			
>12~17	5×5	10~56	5						3.0		2.3		0.16	0.25
>17~22	6×6	14~70	6						3.5		2.8			
>22~30	8×7	18~90	8	+0.036	+0.098	0	±0.018	−0.015	4.0	+0.2 0	3.3	+0.2 0		
>30~38	10×8	22~110	10	0	+0.040	−0.036		−0.051	5.0		3.3		0.25	0.40
>38~44	12×8	28~140	12	+0.043 0	+0.120 +0.050	0 −0.043	±0.0215	−0.018 −0.061	5.0		3.3			
>44~50	14×9	36~160	14						5.5		3.8			
>50~58	16×10	45~180	16						6.0		4.3			
>58~65	18×11	50~200	18						7.0		4.4			
>65~75	20×12	56~220	20	+0.052 0	+0.149 +0.065	0 −0.052	±0.026	−0.022 −0.074	7.5		4.9		0.40	0.60
>75~85	22×14	63~250	22						9.0		5.4			
>85~95	25×14	70~280	25						9.0		5.4			
>95~110	28×16	80~320	28						10.0		6.4			
L 的系列	6,8,10,12,14,16,18,20,22,25,28,32,36,40,45,50,56,63,70,80,90,100,110,125,140,160,180,200,220,250,280,320,360,400,450,500													

注:①键尺寸的极限偏差 b 为 h8,h 矩形为 h11,方形为 h8,L 为 h14;

②在工作图中,轴槽深用 $d-t_1$ 标注,轮毂槽深用 $d+t_2$ 标注;

③$d-t_1$ 和 $d+t_2$ 两组组合尺寸的极限偏差按相应的 t_1 和 t_2 极限偏差选取，但 $d-t_1$ 极限偏差值应取负号（$-$）；

④轴槽、轮毂槽的键槽宽度 b 上两侧面的表面粗糙度 Ra 值推荐为 1.6～3.2 μm，轴槽底面、轮毂槽底面的表面粗糙度 Ra 值为 6.3 μm。

E2. 半圆键

表 E-2　普通型半圆键（GB/T 1099.1—2003 摘录）**、半圆键键槽的剖面尺寸**（GB/T 1098—2003 摘录）

（mm）

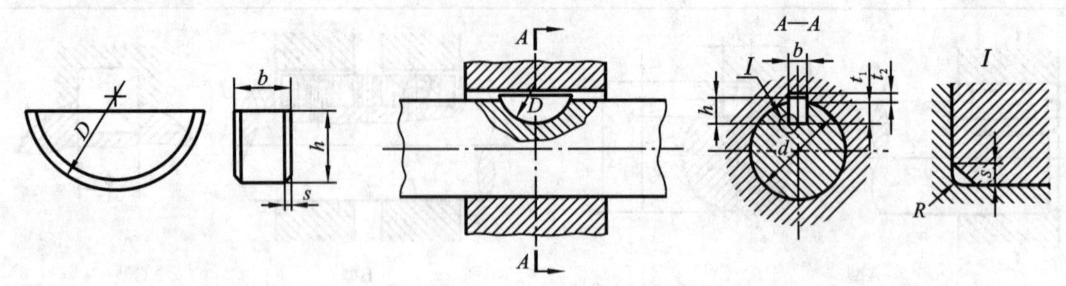

标记示例：

宽度 b=6 mm、高度 h=10 mm、直径 D=25 mm 普通型半圆键的标记为 GB/T 1099.1 键 6×10×25

轴径 d 传递转矩用	轴径 d 定位用	键尺寸 $b\times h\times D$	键尺寸 s	键槽尺寸 宽度 b 基本尺寸	极限偏差 松连接 轴 H9	极限偏差 松连接 毂 D10	极限偏差 正常连接 轴 N9	极限偏差 正常连接 毂 JS9	极限偏差 紧密连接 轴和毂 P9	深度 轴 t_1 基本尺寸	深度 轴 t_1 极限偏差	深度 毂 t_2 基本尺寸	深度 毂 t_2 极限偏差	半径 R
自 3～4	自 3～4	1×1.4×4	0.16～0.25	1	+0.025 0	+0.060 +0.020	−0.004 −0.029	±0.0125	−0.006 −0.031	1.0	+0.1 0	0.6	+0.1 0	0.08～0.16
4～5	4～6	1.5×2.6×7		1.5						2.0		0.8		
5～6	6～8	2×2.6×7		2						1.8		1.0		
6～7	8～10	2×3.7×10		2						2.9		1.0		
7～8	10～12	2.5×3.7×10		2.5						2.7		1.2		
8～10	12～15	3×5×13		3						3.8	+0.2 0	1.4		
10～12	15～18	3×6.5×16		3						5.3		1.4		0.16～0.25
12～14	18～20	4×6.5×16	0.25～0.4	4	+0.030 0	+0.078 +0.030	0 −0.030	±0.015	−0.012 −0.042	5.0		1.8		
14～16	20～22	4×7.5×19		4						6.0		1.8		
16～18	22～25	5×6.5×16		5						4.5		2.3		
18～20	25～28	5×7.5×19		5						5.5		2.3		
20～22	28～32	5×9×22		5						7.0		2.3		
22～25	32～36	6×9×22		6						6.5	+0.3 0	2.8		
25～28	36～40	6×10×25		6						7.5		2.8	+0.2 0	
28～32	40	8×11×28	0.4～0.6	8	+0.036 0	+0.098 +0.040	0 −0.036	±0.018	−0.015 −0.051	8.0		3.3		0.25～0.4
32～38	—	10×13×32		10						10		3.3		

注：①键尺寸的极限偏差：b 为 $^{0}_{-0.025}$，h 为 h12，D 为 h12；

②在工作图中，轴槽深用 $d-t_1$ 标注，轮毂槽深用 $d+t_2$ 标注；

③$d-t_1$ 和 $d+t_2$ 两组组合尺寸的极限偏差按相应的 t_1 和 t_2 极限偏差选取，但 $d-t_1$ 极限偏差值应取负号（$-$）；

④轴槽、轮毂槽的键槽宽度 b 上两侧面的表面粗糙度 Ra 值推荐为 1.6～3.2 μm，轴槽底面、轮毂槽底面的表面粗糙度 Ra 值为 6.3 μm。

附录F 销 连 接

表 F-1 圆柱销(GB/T 119.1—2000 摘录) (mm)

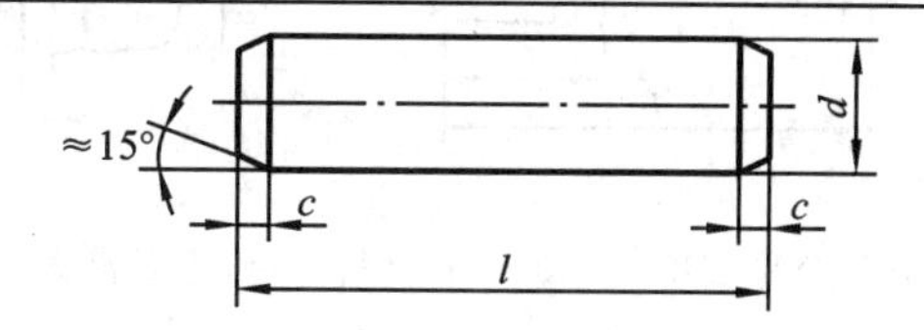

标记示例:

公称直径 d=6 mm、公差为 m6、公称长度 l=30 mm、材料为钢、不经淬火、不经表面处理的圆柱销的标记为

销 GB/T 119.1 6 m6×30

公称直径 d=6 mm、公差为 m6、公称长度 l=30 mm、材料为 A1 组奥氏体不锈钢、表面简单处理的圆柱销的标记为

销 GB/T 119.1 6 m6×30—A1

直径 d	3	4	5	6	8	10	12	16	20	25
c≈	0.5	0.63	0.8	1.2	1.6	2.0	2.5	3.0	3.5	4.0
l 的范围	8～30	8～40	10～50	12～60	14～80	18～95	22～140	26～180	35～200	50～200
l 的系列	8,10,12,14,16,18,20,22,24,26,28,30,32,35,40,45,50,55,60,65,70,75,80,85,90,95,100,120,140,160,180,200									

注:d 的公差等级有 m6 和 h8 两种,公差等级为 m6 时 $Ra \leqslant 0.8$ μm,公差等级为 h8 时 $Ra \leqslant 1.6$ μm。

表 F-2 圆锥销(GB/T 117—2000 摘录) (mm)

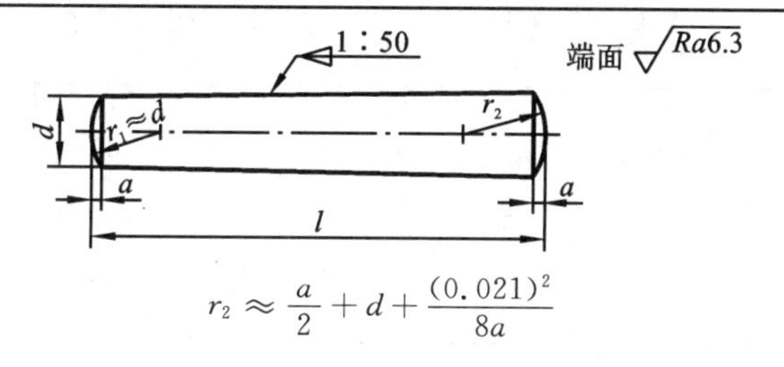

$$r_2 \approx \frac{a}{2} + d + \frac{(0.021)^2}{8a}$$

标记示例:

公称直径 d=6 mm、公称长度 l=30 mm、材料为 35 钢、热处理硬度 28～38 HRC、表面氧化处理的 A 型圆锥销的标记为

销 GB/T 117 6×30

直径 d	3	4	5	6	8	10	12	16	20	25
a≈	0.4	0.5	0.63	0.8	1.0	1.2	1.6	2.0	2.5	3.0
l 的范围	12～45	14～55	18～60	22～90	22～120	26～160	32～180	40～200	45～200	50～200
l 的系列	12,14,16,18,20,22,24,26,28,30,32,35,40,45,50,55,60,65,70,75,80,85,90,95,100,120,140,160,180,200									

注:①d 的公差等级为 h10,其他公差,如 a11、c11 和 f8,由供需双方协议;

②A 型(磨削)锥面表面粗糙度 Ra=0.8 μm,B 型(切削或冷镦)锥面表面粗糙度 Ra=3.2 μm。

表 F-3　内螺纹圆柱销(GB/T 120.1—2000 摘录)　　(mm)

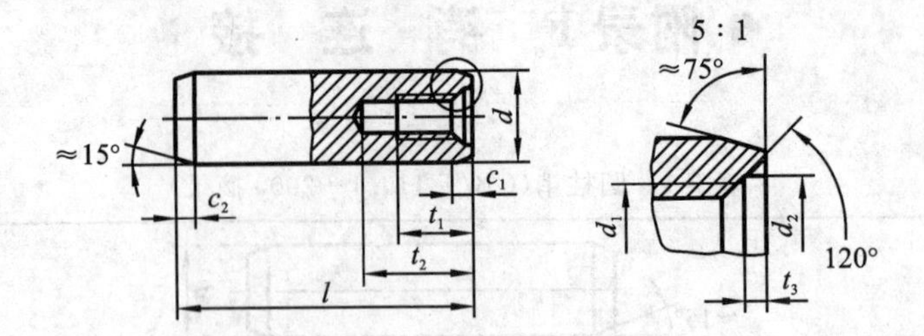

标记示例：

公称直径 d=6 mm、公差为 m6、公称长度 l=30 mm、材料为钢、不经淬火、不经表面处理的内螺纹圆柱销的标记为

销 GB/T 120.1 6×30

公称直径 d=6 mm、公差为 m6、公称长度 l=30 mm、材料为 A1 组奥氏体不锈钢、表面简单处理的内螺纹圆柱销的标记为

销 GB/T 120.1 6×30—A1

公称直径 d	6	8	10	12	16	20	25	30	40	50
c_1≈	0.8	1	1.2	1.6	2	2.5	3	4	5	6.3
c_2≈	1.2	1.6	2	2.5	3	3.5	4	5	6.3	8
d_1	M4	M5	M6	M6	M8	M10	M16	M20	M20	M24
螺距 P	0.7	0.8	1	1	1.25	1.5	2	2.5	2.5	3
d_2	4.3	5.3	6.4	6.4	8.4	10.5	17	21	21	25
t_1	6	8	10	12	16	18	24	30	30	36
t_2(min)	10	12	16	20	25	28	35	40	40	50
t_3	1	1.2	1.2	1.2	1.5	1.5	2	2	2.5	2.5
l 的范围	16～60	18～80	22～100	26～120	32～160	40～200	50～200	60～200	80～200	100～200
l 的系列	16,18,20,22,24,26,28,30,32,35,40,45,50,55,60,65,70,75,80,85,90,95,100,120,140,160,180,200									

注：①d 的公差等级为 m6，其他公差由供需双方协议；

②表面粗糙度 Ra≤0.8 μm。

表 F-4 内螺纹圆锥销(GB/T 118—2000 摘录) (mm)

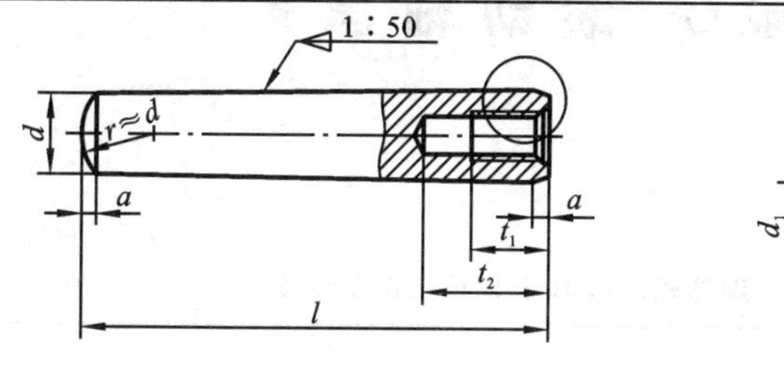

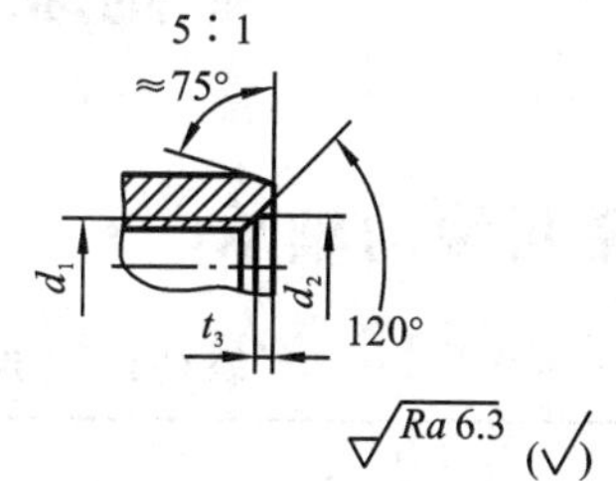

标记示例:

公称直径 d=6 mm、公称长度 l=30 mm、材料为 35 钢、热处理硬度 28～38 HRC、表面氧化处理的 A 型内螺纹圆锥销的标记为

销 GB/T 118 6×30

公称直径 d	6	8	10	12	16	20	25	30	40	50
a≈	0.8	1	1.2	1.6	2	2.5	3	4	5	6.3
d_1	M4	M5	M6	M8	M10	M12	M16	M20	M20	M24
螺距 P	0.7	0.8	1	1.25	1.5	1.75	2	2.5	2.5	3
d_2	4.3	5.3	6.4	8.4	10.5	13	17	21	21	25
t_1	6	8	10	12	16	18	24	30	30	36
t_2(min)	10	12	16	20	25	28	35	40	40	50
t_3	1	1.2	1.2	1.2	1.5	1.5	2	2	2.5	2.5
l 的范围	16～60	18～80	22～100	26～120	32～160	40～200	50～200	60～200	80～200	100～200
l 的系列	16,18,20,22,24,26,28,30,32,35,40,45,50,55,60,65,70,75,80,85,90,95,100,120,140,160,180,200									

注:①d 的公差等级为 h10,其他公差,如 a11、c11 和 f8,由供需双方协议;

②A 型(磨削)锥面表面粗糙度 Ra=0.8 μm,B 型(切削或冷镦)锥面表面粗糙度 Ra=3.2 μm。

表 F-5 开口销(GB/T 91—2000 摘录) (mm)

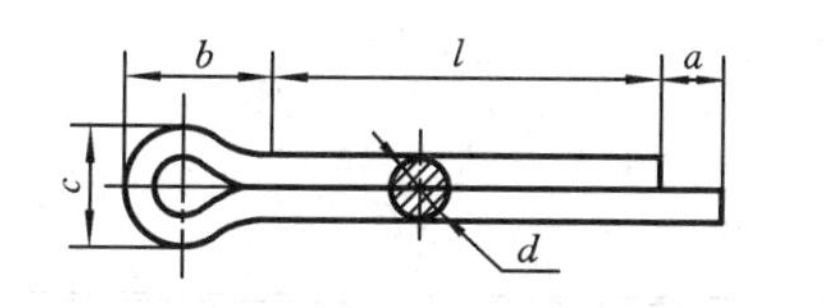

允许制造的型式

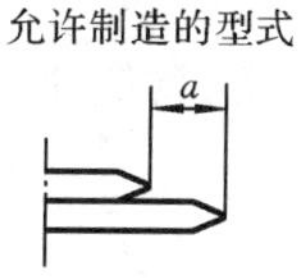

标记示例:

公称直径 d=5 mm、公称长度 l=50 mm、材料为低碳钢、不经表面处理的开口销的标记为

销 GB/T 91 5×50

公称直径 d		0.6	0.8	1	1.2	1.6	2	2.5	3.2	4	5	6.3	8	10	13
a	max	1.6			2.5				3.2	4				6.3	
c	max	1	1.4	1.8	2	2.8	3.6	4.6	5.8	7.4	9.2	11.8	15	19	24.8
	min	0.9	1.2	1.6	1.7	2.4	3.2	4	5.1	6.5	8	10.3	13.1	16.6	21.7
b≈		2	2.4	3	3	3.2	4	5	6.4	8	10	12.6	16	20	26
l 的范围		4～12	5～16	6～20	8～25	8～32	10～40	12～50	14～63	18～80	22～100	32～125	40～160	45～200	71～250
l 的系列		4,5,6,8,10,12,14,16,18,20,22,25,28,32,36,40,45,50,56,63,71,80,90,100,112,125,140,160,180,200,224,250													

注:销孔的公称直径等于销的公称直径 d。

附录G 滚动轴承

G1. 常用滚动轴承

表 G-1 深沟球轴承(GB/T 276—2013 摘录)

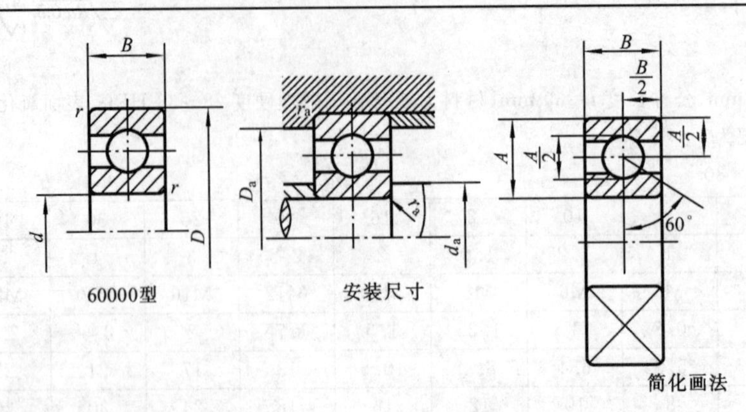

标记示例:滚动轴承 6210 GB/T 276—2013

F_a/C_{0r}	e	Y	径向当量动载荷	径向当量静载荷
0.014	0.19	2.30	当 $F_a/F_r \leqslant e, P_r = F_r$ 当 $F_a/F_r > e, P_r = 0.56F_r + YF_a$	$P_{0r} = F_r$ $P_{0r} = 0.6F_r + 0.5F_a$ 取上列两式计算结果的较大值
0.028	0.22	1.99		
0.056	0.26	1.71		
0.084	0.28	1.55		
0.11	0.30	1.45		
0.17	0.34	1.31		
0.28	0.38	1.15		
0.42	0.42	1.04		
0.56	0.44	1.00		

轴承代号	基本尺寸/mm				安装尺寸/mm			基本额定		极限转速/(r/min)	
	d	D	B	r_{smin}	$d_{a\,min}$	$D_{a\,max}$	r_{asmax}	动载荷 C_r/kN	静载荷 C_{0r}/kN	脂润滑	油润滑
(1)0 尺寸系列											
6000	10	26	8	0.3	12.4	23.6	0.3	4.58	1.98	20000	28000
6001	12	28	8	0.3	14.4	25.6	0.3	5.10	2.38	19000	26000
6002	15	32	9	0.3	17.4	29.6	0.3	5.58	2.85	18000	24000
6003	17	35	10	0.3	19.4	32.6	0.3	6.00	3.25	17000	22000
6004	20	42	12	0.6	25	37	0.6	9.38	5.02	15000	19000
6005	25	47	12	0.6	30	42	0.6	10.0	5.85	13000	17000
6006	30	55	13	1	36	49	1	13.2	8.30	10000	14000
6007	35	62	14	1	41	56	1	16.2	10.5	9000	12000

续表

轴承代号	基本尺寸/mm				安装尺寸/mm			基本额定		极限转速/(r/min)	
	d	D	B	r_{smin}	$d_{a\ min}$	$D_{a\ max}$	r_{asmax}	动载荷 C_r/kN	静载荷 C_{0r}/kN	脂润滑	油润滑
6008	40	68	15	1	46	62	1	17.0	11.8	8500	11000
6009	45	75	16	1	51	69	1	21.0	14.8	8000	10000
6010	50	80	16	1	56	74	1	22.0	16.2	7000	9000
6011	55	90	18	1.1	62	83	1.1	30.2	21.8	6300	8000
6012	60	95	18	1.1	67	88	1.1	31.5	24.2	6000	7500
6013	65	100	18	1.1	72	93	1.1	32.0	24.8	5600	7000
6014	70	110	20	1.1	77	103	1.1	38.5	30.5	5300	6700
6015	75	115	20	1.1	82	108	1.1	40.2	33.2	5000	6300
6016	80	125	22	1.1	87	118	1.1	47.5	39.8	4800	6000
6017	85	130	22	1.1	92	123	1.1	50.8	42.8	4500	5600
6018	90	140	24	1.5	99	131	1.5	58.0	49.8	4300	5300
6019	95	145	24	1.5	104	136	1.5	57.8	50.0	4000	5000
6020	100	150	24	1.5	109	141	1.5	64.5	56.2	3800	4800
(0)2尺寸系列											
6200	10	30	9	0.6	15	25	0.6	5.10	2.38	19000	26000
6201	12	32	10	0.6	17	27	0.6	6.82	3.05	18000	24000
6202	15	35	11	0.6	20	30	0.6	7.65	3.72	17000	22000
6203	17	40	12	0.6	22	35	0.6	9.58	4.78	16000	20000
6204	20	47	14	1	26	41	1	12.8	6.65	14000	18000
6205	25	52	15	1	31	46	1	14.0	7.88	12000	16000
6206	30	62	16	1	36	56	1	19.5	11.5	9500	13000
6207	35	72	17	1.1	42	65	1.1	25.5	15.2	8500	11000
6208	40	80	18	1.1	47	73	1.1	29.5	18.0	8000	10000
6209	45	85	19	1.1	52	78	1.1	31.5	20.5	7000	9000
6210	50	90	20	1.1	57	83	1.1	35.0	23.2	6700	8500
6211	55	100	21	1.5	64	91	1.5	43.2	29.2	6000	7500
6212	60	110	22	1.5	69	101	1.5	47.8	32.8	5600	7000
6213	65	120	23	1.5	74	111	1.5	57.2	40.0	5000	6300
6214	70	125	24	1.5	79	116	1.5	60.8	45.0	4800	6000
6215	75	130	25	1.5	84	121	1.5	66.0	49.5	4500	5600
6216	80	140	26	2	90	130	2	71.5	54.2	4300	5300
6217	85	150	28	2	95	140	2	83.2	63.8	4000	5000
6218	90	160	30	2	100	150	2	95.8	71.5	3800	4800

续表

轴承代号	基本尺寸/mm				安装尺寸/mm			基本额定		极限转速/(r/min)	
	d	D	B	r_{smin}	d_{amin}	D_{amax}	r_{asmax}	动载荷 C_r/kN	静载荷 C_{0r}/kN	脂润滑	油润滑
6219	95	170	32	2.1	107	158	2	110	82.8	3600	4500
6220	100	180	34	2.1	112	168	2	122	92.8	3400	4300
(0)3 尺寸系列											
6300	10	35	11	0.6	15	30	0.6	7.65	3.48	18000	24000
6301	12	37	12	1	18	31	1	9.72	5.08	17000	22000
6302	15	42	13	1	21	36	1	11.5	5.42	16000	20000
6303	17	47	14	1	23	41	1	13.5	6.58	15000	19000
6304	20	52	15	1.1	27	45	1.1	15.8	7.88	13000	17000
6305	25	62	17	1.1	32	55	1.1	22.2	11.5	10000	14000
6306	30	72	19	1.1	37	65	1.1	27.0	15.2	9000	12000
6307	35	80	21	1.5	44	71	1.5	33.2	19.2	8000	10000
6308	40	90	23	1.5	49	81	1.5	40.8	24.0	7000	9000
6309	45	100	25	1.5	54	91	1.5	52.8	31.8	6300	8000
6310	50	110	27	2	60	100	2	61.8	38.0	6000	7500
6311	55	120	29	2	65	110	2	71.5	44.8	5300	6700
6312	60	130	31	2.1	72	118	2	81.8	51.8	5000	6300
6313	65	140	33	2.1	77	128	2	93.8	60.5	4500	5600
6314	70	150	35	2.1	82	138	2	105	68.0	4300	5300
6315	75	160	37	2.1	87	148	2	112	76.8	4000	5000
6316	80	170	39	2.1	92	158	2	122	86.5	3800	4800
6317	85	180	41	3	99	166	2.5	132	96.5	3600	4500
6318	90	190	43	3	104	176	2.5	145	108	3400	4300
6319	95	200	45	3	109	186	2.5	155	122	3200	4000
6320	100	215	47	3	114	201	2.5	172	140	2800	3600
(0)4 尺寸系列											
6403	17	62	17	1.1	24	55	1.1	22.5	10.8	11000	15000
6404	20	72	19	1.1	27	65	1.1	31.0	15.2	9500	13000
6405	25	80	21	1.5	34	71	1.5	38.2	19.2	8500	11000
6406	30	90	23	1.5	39	81	1.5	47.5	24.5	8000	10000
6407	35	100	25	1.5	44	91	1.5	56.8	29.5	6700	8500
6408	40	110	27	2	50	100	2	65.5	37.5	6300	8000
6409	45	120	29	2	55	110	2	77.5	45.5	5600	7000
6410	50	130	31	2.1	62	118	2	92.2	55.2	5300	6700

续表

轴承代号	基本尺寸/mm				安装尺寸/mm			基本额定		极限转速/(r/min)	
	d	D	B	r_{smin}	d_{amin}	D_{amax}	r_{asmax}	动载荷 C_r/kN	静载荷 C_{0r}/kN	脂润滑	油润滑
6411	55	140	33	2.1	67	128	2	100	62.5	4800	6000
6412	60	150	35	2.1	72	138	2	108	70.0	4500	5600
6413	65	160	37	2.1	77	148	2	118	78.5	4300	5300
6414	70	180	42	3	84	166	2.5	140	99.5	3800	4800
6415	75	190	45	3	89	176	2.5	155	115	3600	4500
6416	80	200	48	3	94	186	2.5	162	125	3400	4300
6417	85	210	52	4	103	192	3	175	138	3200	4000
6418	90	225	54	4	108	207	3	192	158	2800	3600
6420	100	250	58	4	118	232	3	222	195	2400	3200

注:①表中 C_r 值适用于轴承为真空脱气轴承钢材料。如为普通电炉钢,C_r 值降低;如为真空重熔或电渣重熔轴承钢,C_r 值提高;

②r_{smin} 为 r 的最小单一倒角尺寸;r_{asmax} 为 r_a 的最大单一圆角半径。

表 G-2　圆锥滚子轴承(GB/T 297—1994 摘录)

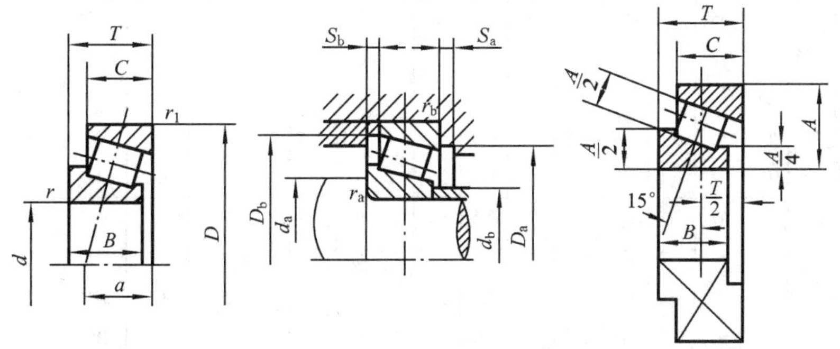

30000型　　安装尺寸　　简化画法

径向当量动载荷	当 $F_a/F_r \leqslant e, P_r = F_r$ 当 $F_a/F_r > e, P_r = 0.4F_r + YF_a$
径向当量静载荷	$P_{0r} = F_r$ $P_{0r} = 0.5F_r + Y_0F_a$ 取上列两式计算结果的较大值

标记示例:

滚动轴承 30310 GB/T 297—1994

轴承代号	基本尺寸/mm								安装尺寸/mm									计算系数			基本额定载荷		极限转速/(r/min)	
	d	D	T	B	C	r_{smin}	r_{1smin}	$a\approx$	d_{amin}	d_{bmax}	D_{amin}	D_{amax}	D_{bmin}	S_{amin}	S_{bmin}	r_{asmax}	r_{bsmax}	e	Y	Y_0	动载荷 C_r/kN	静载荷 C_{0r}/kN	脂润滑	油润滑
02尺寸系列																								
30203	17	40	13.25	12	11	1	1	9.9	23	23	34	34	37	2	2.5	1	1	0.35	1.7	1	20.8	21.8	9000	12000
30204	20	47	15.25	14	12	1	1	11.2	26	27	40	41	43	2	3.5	1	1	0.35	1.7	1	28.2	30.5	8000	10000
30205	25	52	16.25	15	13	1	1	12.5	31	31	44	46	48	2	3.5	1	1	0.37	1.6	0.9	32.2	37.0	7000	9000
30206	30	62	17.25	16	14	1	1	13.8	36	37	53	56	57	2	3.5	1	1	0.37	1.6	0.9	43.2	50.5	6000	7500
30207	35	72	18.25	17	15	1.5	1.5	15.3	42	44	62	65	67	3	3.5	1.5	1.5	0.37	1.6	0.9	54.2	63.5	5300	6700
30208	40	80	19.75	18	16	1.5	1.5	16.9	47	49	69	73	74	3	4	1.5	1.5	0.37	1.6	0.9	63.0	74.0	5000	6300
30209	45	85	20.75	19	16	1.5	1.5	18.6	52	54	74	78	80	3	5	1.5	1.5	0.4	1.5	0.8	67.8	83.5	4500	5600
30210	50	90	21.75	20	17	1.5	1.5	20	57	58	79	83	85	3	5	1.5	1.5	0.42	1.4	0.8	73.2	92.0	4300	5300
30211	55	100	22.75	21	18	2	1.5	21	64	64	88	91	94	4	5	2	1.5	0.4	1.5	0.8	90.8	115	3800	4800
30212	60	110	23.75	22	19	2	1.5	22.3	69	70	96	101	103	4	5	2	1.5	0.4	1.5	0.8	102	130	3600	4500

续表

轴承代号	基本尺寸/mm								安装尺寸/mm									计算系数			基本额定载荷		极限转速/(r/min)	
	d	D	T	B	C	r_{smin}	r_{1smin}	$a\approx$	d_{amin}	d_{bmax}	D_{amin}	D_{amax}	D_{bmin}	S_{amin}	S_{bmin}	r_{asmax}	r_{bsmax}	e	Y	Y_0	动载荷 C_r/kN	静载荷 C_{0r}/kN	脂润滑	油润滑
30213	65	120	24.75	23	20	2	1.5	23.8	74	77	106	111	113	4	5	2	1.5	0.4	1.5	0.8	120	152	3200	4000
30214	70	125	26.25	24	21	2	1.5	25.8	79	81	110	116	118	4	5.5	2	1.5	0.42	1.4	0.8	132	175	3000	3800
30215	75	130	27.25	25	22	2	1.5	27.4	84	86	115	121	124	4	5.5	2	1.5	0.44	1.4	0.8	138	185	2800	3600
30216	80	140	28.25	26	22	2.5	2	28.1	90	91	124	130	133	4	6	2.1	2	0.42	1.4	0.8	160	212	2600	3400
30217	85	150	30.5	28	24	2.5	2	30.3	95	97	132	140	141	5	6.5	2.1	2	0.42	1.4	0.8	178	238	2400	3200
30218	90	160	32.5	30	26	2.5	2	32.3	100	103	140	150	151	5	6.5	2.1	2	0.42	1.4	0.8	200	270	2200	3000
30219	95	170	34.5	32	27	3	2.5	34.2	107	109	149	158	160	5	7.5	2.5	2.1	0.42	1.4	0.8	228	308	2000	2800
30220	100	180	37	34	29	3	2.5	36.4	112	115	157	168	169	5	8	2.5	2.1	0.42	1.4	0.8	255	350	1900	2600
03尺寸系列																								
30302	15	42	14.25	13	11	1	1	9.6	21	22	36	36	38	2	3.5	1	1	0.29	2.1	1.2	22.8	21.5	9000	12000
30303	17	47	15.25	14	12	1	1	10.4	23	25	40	41	42	3	3.5	1	1	0.29	2.1	1.2	28.2	27.2	8500	11000
30304	20	52	16.25	15	13	1.5	1.5	11.1	27	28	44	45	47	3	3.5	1.5	1.5	0.3	2	1.1	33.0	33.2	7500	9500
30305	25	62	18.25	17	15	1.5	1.5	13	32	35	54	55	57	3	3.5	1.5	1.5	0.3	2	1.1	46.8	48.0	6300	8000
30306	30	72	20.75	19	16	1.5	1.5	15.3	37	41	62	65	66	3	5	1.5	1.5	0.31	1.9	1	59.0	63.0	5600	7000
30307	35	80	22.75	21	18	2	1.5	16.8	44	45	70	71	74	3	5	2	1.5	0.31	1.9	1	75.2	82.5	5000	6300
30308	40	90	25.25	23	20	2	1.5	19.5	49	52	77	81	82	3	5.5	2	1.5	0.35	1.7	1	90.8	108	4500	5600
30309	45	100	27.25	25	22	2	1.5	21.3	54	59	86	91	92	3	5.5	2	1.5	0.35	1.7	1	108	130	4000	5000
30310	50	110	29.25	27	23	2.5	2	23	60	65	95	100	102	4	6.5	2	2	0.35	1.7	1	130	158	3800	4800
30311	55	120	31.5	29	25	2.5	2	24.9	65	71	104	110	112	4	6.5	2.5	2	0.35	1.7	1	152	188	3400	4300
30312	60	130	33.5	31	26	3	2.5	26.6	72	77	112	118	121	5	7.5	2.5	2.1	0.35	1.7	1	170	210	3200	4000
30313	65	140	36	33	28	3	2.5	28.7	77	83	122	128	131	5	8	2.5	2.1	0.35	1.7	1	195	242	2800	3600
30314	70	150	38	35	30	3	2.5	30.7	82	89	130	138	140	5	8	2.5	2.1	0.35	1.7	1	218	272	2600	3400
30315	75	160	40	37	31	3	2.5	32	87	95	139	148	149	5	9	2.5	2.1	0.35	1.7	1	252	318	2400	3200
30316	80	170	42.5	39	33	3	2.5	34.4	92	102	148	158	159	5	9.5	2.5	2.1	0.35	1.7	1	278	352	2200	3000
30317	85	180	44.5	41	34	4	3	35.9	99	107	156	166	168	6	10.5	3	2.5	0.35	1.7	1	305	388	2000	2800
30318	90	190	46.5	43	36	4	3	37.5	104	113	165	176	177	6	10.5	3	2.5	0.35	1.7	1	342	440	1900	2600
30319	95	200	49.5	45	38	4	3	40.1	109	118	172	186	185	6	11.5	3	2.5	0.35	1.7	1	370	478	1800	2400
30320	100	215	51.5	47	39	4	3	42.2	114	127	184	201	198	6	12.5	3	2.5	0.35	1.7	1	405	525	1600	2000
22尺寸系列																								
32206	30	62	21.25	20	17	1	1	15.6	36	37	52	56	58	3	4.5	1	1	0.37	1.6	0.9	51.8	63.8	6000	7500
32207	35	72	24.25	23	19	1.5	1.5	17.9	42	43	61	65	67	3	5.5	1.5	1.5	0.37	1.6	0.9	70.5	89.5	5300	6700
32208	40	80	24.75	23	19	1.5	1.5	18.9	47	48	68	73	75	3	6	1.5	1.5	0.37	1.6	0.9	77.8	97.2	5000	6300
32209	45	85	24.75	23	19	1.5	1.5	20.1	52	53	73	78	80	3	6	1.5	1.5	0.4	1.5	0.8	80.8	105	4500	5600
32210	50	90	24.75	23	19	1.5	1.5	21	57	58	78	83	85	3	6	1.5	1.5	0.42	1.4	0.8	82.8	108	4300	5300
32211	55	100	26.75	25	21	2	1.5	22.8	64	63	87	91	95	4	6	2	1.5	0.4	1.5	0.8	108	142	3800	4800
32212	60	110	29.75	28	24	2	1.5	25	69	69	95	101	104	4	6	2	1.5	0.4	1.5	0.8	132	180	3600	4500
32213	65	120	32.75	31	27	2	1.5	27.3	74	75	104	111	115	4	6	2	1.5	0.4	1.5	0.8	160	222	3200	4000
32214	70	125	33.25	31	27	2	1.5	28.8	79	80	108	116	119	4	6.5	2	1.5	0.42	1.4	0.8	168	238	3000	3800

续表

轴承代号	基本尺寸/mm								安装尺寸/mm									计算系数			基本额定载荷		极限转速/(r/min)	
	d	D	T	B	C	r_{smin}	r_{1smin}	$a\approx$	d_{amin}	d_{bmax}	D_{amin}	D_{amax}	D_{bmin}	S_{amin}	S_{bmin}	r_{asmax}	r_{bsmax}	e	Y	Y_0	动载荷 C_r/kN	静载荷 C_{0r}/kN	脂润滑	油润滑
32215	75	130	33.25	31	27	2	1.5	30	84	85	115	121	125	4	6.5	2	1.5	0.44	1.4	0.8	170	242	2800	3600
32216	80	140	35.25	33	28	2.5	2	31.4	90	90	122	130	134	5	7.5	2.1	2	0.42	1.4	0.8	198	278	2600	3400
32217	85	150	38.5	36	30	2.5	2	33.9	95	96	130	140	143	5	8.5	2.1	2	0.42	1.4	0.8	228	325	2400	3200
32218	90	160	42.5	40	34	2.5	2	36.8	100	101	138	150	153	5	8.5	2.1	2	0.42	1.4	0.8	270	395	2200	3000
32219	95	170	45.5	43	37	3	2.5	39.2	107	107	145	158	162	5	8.5	2.5	2.1	0.42	1.4	0.8	302	448	2000	2800
32220	100	180	49	46	39	3	2.5	41.9	112	113	154	168	171	5	10	2.5	2.1	0.42	1.4	0.8	340	512	1900	2600
23尺寸系列																								
32303	17	47	20.25	19	16	1	1	12.3	23	24	39	41	43	3	4.5	1	1	0.29	2.1	1.2	35.2	36.2	8500	11000
32304	20	52	22.25	21	18	1.5	1.5	13.6	27	27	43	45	47	3	4.5	1.5	1.5	0.3	2	1.1	42.8	46.2	7500	9500
32305	25	62	25.25	24	20	1.5	1.5	15.9	32	33	52	55	57	3	5.5	1.5	1.5	0.3	2	1.1	61.5	68.8	6300	8000
32306	30	72	28.75	27	23	1.5	1.5	18.9	37	39	59	65	66	4	6	1.5	1.5	0.31	1.9	1.1	81.5	96.5	5600	7000
32307	35	80	32.75	31	25	2	1.5	20.4	44	44	66	71	74	4	8.0	2	1.5	0.31	1.9	1.1	99.0	118	5000	6300
32308	40	90	35.25	33	27	2	1.5	23.3	49	50	73	81	82	4	8.5	2	1.5	0.35	1.7	1	115	148	4500	5600
32309	45	100	38.25	36	30	2	1.5	25.6	54	56	82	91	93	4	8.5	2	1.5	0.35	1.7	1	145	188	4000	5000
32310	50	110	42.25	40	33	2.5	2	28.2	60	62	90	100	102	5	9.5	2	2	0.35	1.7	1	178	235	3800	4800
32311	55	120	45.5	43	35	2.5	2	30.4	65	68	99	110	111	5	10.5	2.5	2	0.35	1.7	1	202	270	3400	4300
32312	60	130	48.5	46	37	3	2.5	32	72	73	107	118	121	6	11.5	2.5	2.1	0.35	1.7	1	228	302	3200	4000
32313	65	140	51	48	39	3	2.5	34.3	77	80	117	128	131	6	12	2.5	2.1	0.35	1.7	1	260	350	2800	3600
32314	70	150	54	51	42	3	2.5	36.5	82	86	125	138	140	6	12	2.5	2.1	0.35	1.7	1	298	408	2600	3400
32315	75	160	58	55	45	3	2.5	39.4	87	91	133	148	150	7	13	2.5	2.1	0.35	1.7	1	348	482	2400	3200
32316	80	170	61.5	58	48	3	2.5	42.1	92	98	142	158	160	7	13.5	2.5	2.1	0.35	1.7	1	388	542	2200	3000
32317	85	180	63.5	60	49	4	3	43.5	99	103	150	166	168	8	14.5	3	2.5	0.35	1.7	1	422	592	2000	2800
32318	90	190	67.5	64	53	4	3	46.2	104	108	157	176	178	8	14.5	3	2.5	0.35	1.7	1	478	682	1900	2600
32319	95	200	71.5	67	55	4	3	49	109	114	166	186	187	8	16.5	3	2.5	0.35	1.7	1	515	738	1800	2400
32320	100	215	77.5	73	60	4	3	52.9	114	123	177	201	201	8	17.5	3	2.5	0.35	1.7	1	600	872	1600	2000

注：①表中 C_r 值适用于轴承为真空脱气轴承钢材料，如为普通电炉钢，C_r 值降低；如为真空重熔或电渣重熔轴承钢，C_r 值提高；

②r_{smin}、r_{1smin} 分别为 r、r_1 的最小单一倒角尺寸；r_{asmax}、r_{bsmax} 分别为 r_a、r_b 的最大单一圆角半径。

表 G-3　角接触球轴承(GB/T 292—2007 摘录)

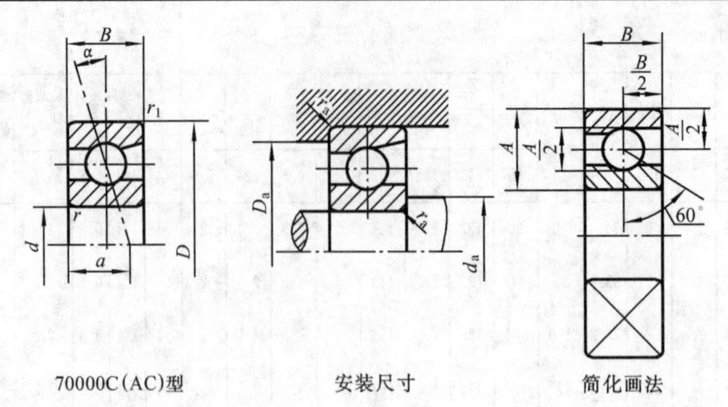

70000C(AC)型　　安装尺寸　　简化画法

标记示例:滚动轴承 7210C　GB/T 292—2007

F_a/C_{0r}	e	Y	70000C 型	70000AC 型
0.015	0.38	1.47	径向当量动载荷 当 $F_a/F_r \leqslant e, P_r=F_r$ 当 $F_a/F_r>e, P_r=0.44F_r+YF_a$	径向当量动载荷 当 $F_a/F_r \leqslant 0.68, P_r=F_r$ 当 $F_a/F_r>0.68, P_r=0.41F_r+0.87F_a$
0.029	0.40	1.40		
0.058	0.43	1.30		
0.087	0.46	1.23		
0.12	0.47	1.19	径向当量静载荷 $P_{0r}=0.5F_r+0.46F_a$ 当 $P_{0r}<F_r$,取 $P_{0r}=F_r$	径向当量静载荷 $P_{0r}=0.5F_r+0.38F_a$ 当 $P_{0r}<F_r$,取 $P_{0r}=F_r$
0.17	0.50	1.12		
0.29	0.55	1.02		
0.44	0.56	1.00		
0.58	0.56	1.00		

轴承代号		基本尺寸/mm					安装尺寸/mm			70000C(α=15°)			70000AC(α=25°)			极限转速/(r/min)	
		d	D	B	r_{smin}	r_{1smin}	d_{amin}	D_{amax}	r_{asmax}	a/mm	基本额定动载荷 C_r/kN	基本额定静载荷 C_{0r}/kN	a/mm	基本额定动载荷 C_r/kN	基本额定静载荷 C_{0r}/kN	脂润滑	油润滑
(1)0 尺寸系列																	
7000C	7000AC	10	26	8	0.3	0.1	12.4	23.6	0.3	6.4	4.92	2.25	8.2	4.75	2.12	19000	28000
7001C	7001AC	12	28	8	0.3	0.1	14.4	25.6	0.3	6.7	5.42	2.65	8.7	5.20	2.55	18000	26000
7002C	7002AC	15	32	9	0.3	0.1	17.4	29.6	0.3	7.6	6.25	3.42	10	5.59	3.25	17000	24000
7003C	7003AC	17	35	10	0.3	0.1	19.4	32.6	0.3	8.5	6.60	3.85	11.1	6.30	3.68	16000	22000
7004C	7004AC	20	42	12	0.6	0.3	25	37	0.6	10.2	10.5	6.08	13.2	10.0	5.78	14000	19000
7005C	7005AC	25	47	12	0.6	0.3	30	42	0.6	10.8	11.5	7.45	14.4	11.2	7.08	12000	17000
7006C	7006AC	30	55	13	1	0.3	36	49	1	12.2	15.2	10.2	16.4	14.5	9.85	9500	14000
7007C	7007AC	35	62	14	1	0.3	41	56	1	13.5	19.5	14.2	18.3	18.5	13.5	8500	12000
7008C	7008AC	40	68	15	1	0.3	46	62	1	14.7	20.0	15.2	20.1	19.0	14.5	8000	11000

续表

轴承代号		基本尺寸/mm					安装尺寸/mm			70000C(α=15°)			70000AC(α=25°)			极限转速/(r/min)	
		d	D	B	r_{smin}	r_{1smin}	d_{amin}	D_{amax}	r_{asmax}	a/mm	基本额定动载荷 C_r/kN	基本额定静载荷 C_{0r}/kN	a/mm	基本额定动载荷 C_r/kN	基本额定静载荷 C_{0r}/kN	脂润滑	油润滑
7009C	7009AC	45	75	16	1	0.3	51	69	1	16	25.8	20.5	21.9	25.8	19.5	7500	10000
7010C	7010AC	50	80	16	1	0.3	56	74	1	16.7	26.5	22.0	23.2	25.2	21.0	6700	9000
7011C	7011AC	55	90	18	1.1	0.6	62	83	1.1	18.7	37.2	30.5	25.9	35.2	29.2	6000	8000
7012C	7012AC	60	95	18	1.1	0.6	67	88	1.1	19.4	38.2	32.8	27.1	36.2	31.5	5600	7500
7013C	7013AC	65	100	18	1.1	0.6	72	93	1.1	20.1	40.0	35.5	28.2	38.0	33.8	5300	7000
7014C	7014AC	70	110	20	1.1	0.6	77	103	1.1	22.1	48.2	43.5	30.9	45.8	41.5	5000	6700
7015C	7015AC	75	115	20	1.1	0.6	82	108	1.1	22.7	49.5	46.5	32.2	46.8	44.2	4800	6300
7016C	7016AC	80	125	22	1.1	0.6	89	116	1.1	24.7	58.5	55.8	34.9	55.5	53.2	4500	6000
7017C	7017AC	85	130	22	1.1	0.6	94	121	1.1	25.4	62.5	60.2	36.1	59.2	57.2	4300	5600
7018C	7018AC	90	140	24	1.5	0.6	99	131	1.5	27.4	71.5	69.8	38.8	67.5	66.5	4000	5300
7019C	7019AC	95	145	24	1.5	0.6	104	136	1.5	28.1	73.5	73.2	40	69.5	69.8	3800	5000
7020C	7020AC	100	150	24	1.5	0.6	109	141	1.5	28.7	79.2	78.5	41.2	75	74.8	3800	5000
(0)2 尺寸系列																	
7200C	7200AC	10	30	9	0.6	0.3	15	25	0.6	7.2	5.82	2.95	9.2	5.58	2.82	18000	26000
7201C	7201AC	12	32	10	0.6	0.3	17	27	0.6	8	7.35	3.52	10.2	7.10	3.35	17000	24000
7202C	7202AC	15	35	11	0.6	0.3	20	30	0.6	8.9	8.68	4.62	11.4	8.35	4.40	16000	22000
7203C	7203AC	17	40	12	0.6	0.3	22	35	0.6	9.9	10.8	5.95	12.8	10.5	5.65	15000	20000
7204C	7204AC	20	47	14	1	0.3	26	41	1	11.5	14.5	8.22	14.9	14.0	7.82	13000	18000
7205C	7205AC	25	52	15	1	0.3	31	46	1	12.7	16.5	10.5	16.4	15.8	9.88	11000	16000
7206C	7206AC	30	62	16	1	0.3	36	56	1	14.2	23.0	15.0	18.7	22.0	14.2	9000	13000
7207C	7207AC	35	72	17	1.1	0.3	42	65	1.1	15.7	30.5	20.0	21	29.0	19.2	8000	11000
7208C	7208AC	40	80	18	1.1	0.6	47	73	1.1	17	36.8	25.8	23	35.2	24.5	7500	10000
7209C	7209AC	45	85	19	1.1	0.6	52	78	1.1	18.2	38.5	28.5	24.7	36.8	27.2	6700	9000
7210C	7210AC	50	90	20	1.1	0.6	57	83	1.1	19.4	42.8	32.0	26.3	40.8	30.5	6300	8500
7211C	7211AC	55	100	21	1.5	0.6	64	91	1.5	20.9	52.8	40.5	28.6	50.5	38.5	5600	7500
7212C	7212AC	60	110	22	1.5	0.6	69	101	1.5	22.4	61.0	48.5	30.8	58.2	46.2	5300	7000
7213C	7213AC	65	120	23	1.5	0.6	74	111	1.5	24.2	69.8	55.2	33.5	66.5	52.5	4800	6300
7214C	7214AC	70	125	24	1.5	0.6	79	116	1.5	25.3	70.2	60.0	35.1	69.2	57.5	4500	6000
7215C	7215AC	75	130	25	1.5	0.6	84	121	1.5	26.4	79.2	65.8	36.6	75.2	63.0	4300	5600
7216C	7216AC	80	140	26	2	1	90	130	2	27.7	89.5	78.2	38.9	85.0	74.5	4000	5300

续表

轴承代号		基本尺寸/mm					安装尺寸/mm			70000C($\alpha=15°$)			70000AC($\alpha=25°$)			极限转速/(r/min)	
		d	D	B	r_{smin}	r_{1smin}	d_{amin}	D_{amax}	r_{asmax}	a/mm	基本额定动载荷C_r/kN	基本额定静载荷C_{0r}/kN	a/mm	基本额定动载荷C_r/kN	基本额定静载荷C_{0r}/kN	脂润滑	油润滑
7217C	7217AC	85	150	28	2	1	95	140	2	29.9	99.8	85.0	41.6	94.8	81.5	3800	5000
7218C	7218AC	90	160	30	2	1	100	150	2	31.7	122	105	44.2	118	100	3600	4800
7219C	7219AC	95	170	32	2.1	1.1	107	158	2	33.8	135	115	46.9	128	108	3400	4500
7220C	7220AC	100	180	34	2.1	1.1	112	168	2	35.8	148	128	49.7	142	122	3200	4300
(0)3尺寸系列																	
7301C	7301AC	12	37	12	1	0.3	18	31	1	8.6	8.10	5.22	12	8.08	4.88	16000	22000
7302C	7302AC	15	42	13	1	0.3	21	36	1	9.6	9.38	5.95	13.5	9.08	5.58	15000	20000
7303C	7303AC	17	47	14	1	0.3	23	41	1	10.4	12.8	8.62	14.8	11.5	7.08	14000	19000
7304C	7304AC	20	52	15	1.1	0.6	27	45	1	11.3	14.2	9.68	16.8	13.8	9.10	12000	17000
7305C	7305AC	25	62	17	1.1	0.6	32	55	1	13.1	21.5	15.8	19.1	20.8	14.8	9500	14000
7306C	7306AC	30	72	19	1.1	0.6	37	65	1	15	26.5	19.8	22.2	25.2	18.5	8500	12000
7307C	7307AC	35	80	21	1.5	0.6	44	71	1.5	16.6	34.2	26.8	24.5	32.8	24.8	7500	10000
7308C	7308AC	40	90	23	1.5	0.6	49	81	1.5	18.5	40.2	32.3	27.5	38.5	30.5	6700	9000
7309C	7309AC	45	100	25	1.5	0.6	54	91	1.5	20.2	49.2	39.8	30.2	47.5	37.2	6000	8000
7310C	7310AC	50	110	27	2	1	60	100	2	22	53.5	47.2	33	55.5	44.5	5600	7500
7311C	7311AC	55	120	29	2	1	65	110	2	23.8	70.5	60.5	35.8	67.2	56.8	5000	6700
7312C	7312AC	60	130	31	2.1	1.1	72	118	2	25.6	80.5	70.2	38.7	77.8	65.8	4800	6300
7313C	7313AC	65	140	33	2.1	1.1	77	128	2	27.4	91.5	80.5	41.5	89.8	75.5	4300	5600
7314C	7314AC	70	150	35	2.1	1.1	82	138	2	29.2	102	91.5	44.3	98.5	86.0	4000	5300
7315C	7315AC	75	160	37	2.1	1.1	87	148	2	31	112	105	47.2	108	97.0	3800	5000
7316C	7316AC	80	170	39	2.1	1.1	92	158	2	32.8	122	118	50	118	108	3600	4800
7317C	7317AC	85	180	41	3	1.1	99	166	2.5	34.6	132	128	52.8	125	122	3400	4500
7318C	7318AC	90	190	43	3	1.1	104	176	2.5	36.4	142	142	55.6	135	135	3200	4300
7319C	7319AC	95	200	45	3	1.1	109	186	2.5	38.2	152	158	58.5	145	148	3000	4000
7320C	7320AC	100	215	47	3	1.1	114	201	2.5	40.2	162	175	61.9	165	178	2600	3600

注:①表中C_r值,对(1)0、(0)2系列为真空脱气轴承钢的负荷能力,对(0)3系列为电炉轴承钢的负荷能力;

②r_{smin}、r_{1smin}分别为r、r_1的最小单一倒角尺寸;r_{asmax}为r_a的最大单一圆角半径。

表 G-4　圆柱滚子轴承(GB/T 283—2007 摘录)

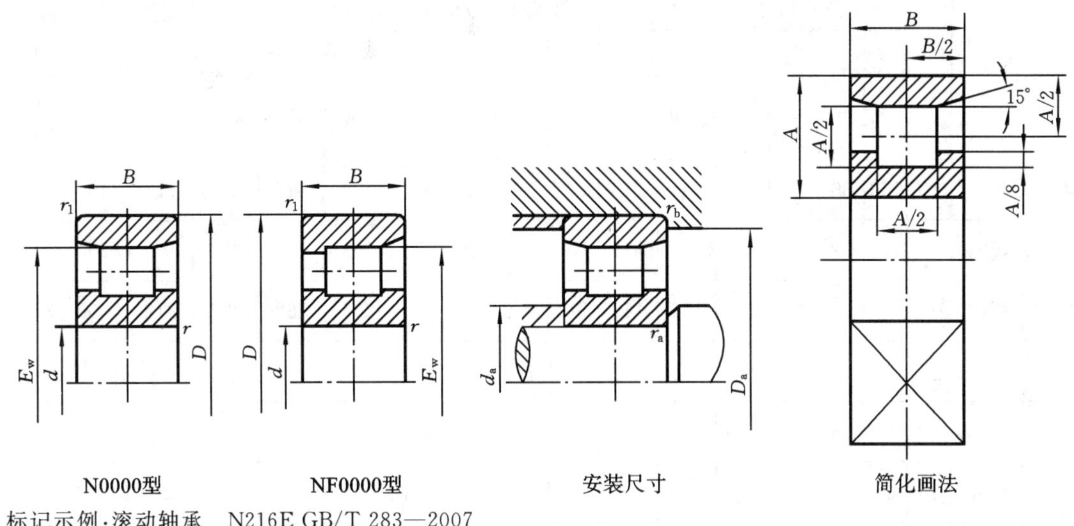

N0000型　　NF0000型　　安装尺寸　　简化画法

标记示例:滚动轴承　N216E GB/T 283—2007

径向当量动载荷		径向当量静载荷
$P_r=F_r$	对轴向承载的轴承(NF 型 2、3 系列) $P_r=F_r+0.3F_a(0\leqslant F_a/F_r\leqslant 0.12)$ $P_r=0.94F_r+0.8F_a(0.12\leqslant F_a/F_r\leqslant 0.3)$	$P_{0r}=F_r$

轴承代号		基本尺寸/mm							安装尺寸/mm				基本额定动载荷 C_r/kN		基本额定静载荷 C_{0r}/kN		极限转速/(r/min)	
		d	D	B	r_{smin}	r_{1smin}	E_w N 型	E_w NF 型	$d_{a\,min}$	$D_{a\,min}$	r_{asmax}	r_{bsmax}	N 型	NF 型	N 型	NF 型	脂润滑	油润滑
(0)2 尺寸系列																		
N204E	NF204	20	47	14	1	0.6	41.5	40	25	42	1	0.6	25.8	12.5	24.0	11.0	12000	16000
N205E	NF205	25	52	15	1	0.6	46.5	45	30	47	1	0.6	27.5	14.2	26.8	12.8	10000	14000
N206E	NF206	30	62	16	1	0.6	55.5	53.5	36	56	1	0.6	36.0	19.5	35.5	18.2	8500	11000
N207E	NF207	35	72	17	1.1	0.6	64	61.8	42	64	1.1	0.6	46.5	28.5	48.0	28.0	7500	9500
N208E	NF208	40	80	18	1.1	1.1	71.5	70	47	72	1.1	1.1	51.5	37.5	53.0	38.2	7000	9000
N209E	NF209	45	85	19	1.1	1.1	76.5	75	52	77	1.1	1.1	58.5	39.8	63.8	41.0	6300	8000
N210E	NF210	50	90	20	1.1	1.1	81.5	80.4	57	83	1.1	1.1	61.2	43.2	69.2	48.5	6000	7500
N211E	NF211	55	100	21	1.5	1.1	90	88.5	64	91	1.5	1.1	80.2	52.8	95.5	60.2	5300	6700
N212E	NF212	60	110	22	1.5	1.5	100	97.5	69	100	1.5	1.5	89.8	62.8	102	73.5	5000	6300
N213E	NF213	65	120	23	1.5	1.5	108.5	105.6	74	109	1.5	1.5	102	73.2	118	87.5	4500	5600
N214E	NF214	70	125	24	1.5	1.5	113.5	110.5	79	114	1.5	1.5	112	73.2	135	87.5	4300	5300
N215E	NF215	75	130	25	1.5	1.5	116.5	116.5	84	120	1.5	1.5	125	89.0	155	110	4000	5000
N216E	NF216	80	140	26	2	2	127.3	125.3	90	128	2	2	132	102	165	125	3800	4800
N217E	NF217	85	150	28	2	2	136.5	135.8	95	137	2	2	158	115	192	145	3600	4800

续表

轴承代号		基本尺寸/mm							安装尺寸/mm				基本额定动载荷 C_r/kN		基本额定静载荷 C_{0r}/kN		极限转速/(r/min)	
		d	D	B	r_{smin}	r_{1smin}	E_w		d_{amin}	D_{amin}	r_{asmax}	r_{bsmax}	N型	NF型	N型	NF型	脂润滑	油润滑
							N型	NF型										
N218E	NF218	90	160	30	2	2	145	143	100	146	2	2	172	142	215	178	3400	4300
N219E	NF219	95	170	32	2.1	2.1	154.5	151.5	107	155	2	2	208	152	262	190	3200	4000
N220E	NF220	100	180	34	2.1	2.1	163	160	112	164	2	2	235	168	302	212	3000	3800
(0)3 尺寸系列																		
N304E	NF304	20	52	15	1.1	0.6	45.5	44.5	26.5	47	1.1	0.6	29.0	18.0	25.5	15.0	11000	15000
N305E	NF305	25	62	17	1.1	1.1	54	53	31.5	55	1.1	1.1	38.5	25.5	35.8	22.5	9000	12000
N306E	NF306	30	72	19	1.1	1.1	62.5	62	37	64	1.1	1.1	49.2	33.5	48.2	31.5	8000	10000
N307E	NF307	35	80	21	1.5	1.1	70.2	68.2	44	71	1.5	1.1	62.0	41.0	63.2	39.2	7000	9000
N308E	NF308	40	90	23	1.5	1.5	80	77.5	49	80	1.5	1.5	76.8	48.8	77.8	47.5	6300	8000
N309E	NF309	45	100	25	1.5	1.5	88.5	86.5	54	89	1.5	1.5	93.0	66.8	98.0	66.8	5600	7000
N310E	NF310	50	110	27	2	2	97	95	60	98	2	2	105	76.0	112	79.5	5300	6700
N311E	NF311	55	120	29	2	2	106.5	104.5	65	107	2	2	128	97.8	138	105	4800	6000
N312E	NF312	60	130	31	2.1	2.1	115	113	72	116	2	2	142	118	155	128	4500	5600
N313E	NF313	65	140	33	2.1	2.1	124.5	121.5	77	125	2	2	170	125	188	135	4000	5000
N314E	NF314	70	150	35	2.1	2.1	133	130	82	134	2	2	195	145	220	162	3800	4800
N315E	NF315	75	160	37	2.1	2.1	143	139.5	87	143	2	2	228	165	260	188	3600	4500
N316E	NF316	80	170	39	2.1	2.1	151	147	92	151	2	2	245	175	282	200	3400	4300
N317E	NF317	85	180	41	3	3	160	156	99	160	2.5	2.5	280	212	332	242	3200	4000
N318E	NF318	90	190	43	3	3	169.5	165	104	170	2.5	2.5	298	228	348	265	3000	3800
N319E	NF319	95	200	45	3	3	177.5	173.5	109	178	2.5	2.5	315	245	380	288	2800	3600
N320E	NF320	100	215	47	3	3	191.5	185.5	114	192	2.5	2.5	365	282	425	340	2600	3200

注：①表中 C_r 值适用于轴承为真空脱气轴承钢材料。如为普通电炉钢，C_r 值降低；如为真空重熔或电渣重熔轴承钢，C_r 值提高；

②r_{smin}、r_{1smin} 分别为 r、r_1 的最小单一倒角尺寸；r_{asmax}、r_{bsmax} 分别为 r_a、r_b 的最大单一圆角半径；

③后缀带 E 的为加强型圆柱滚子轴承，应优先选用。

表 G-5　推力球轴承(GB/T 301—1995 摘录)

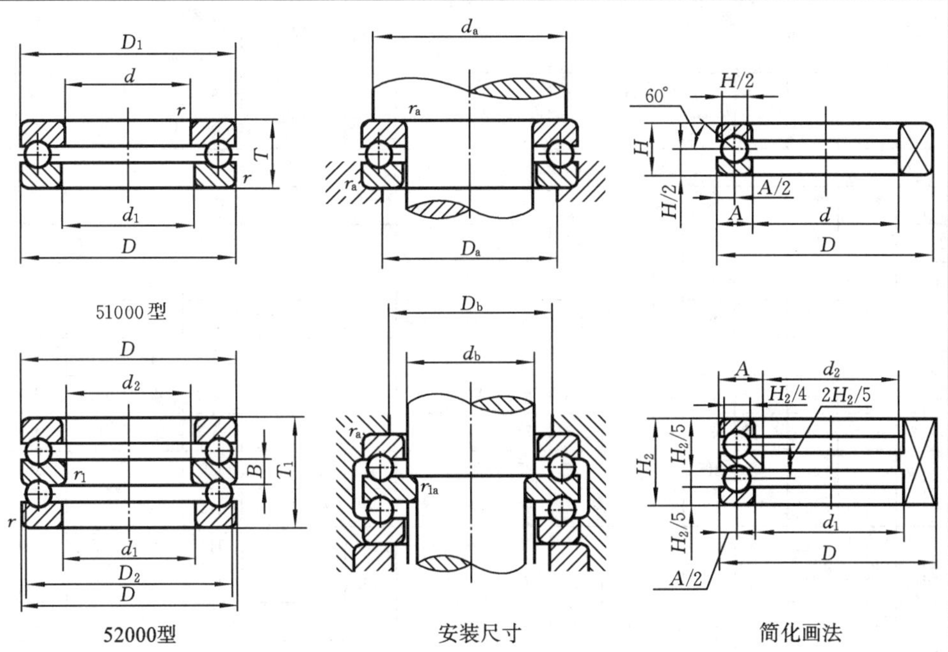

标记示例:

滚动轴承 51208 GB/301—95

轴向当量动载荷

$P_a=F_a$

轴向当量静载荷

$P_{0a}=F_a$

轴承代号		基本尺寸/mm											安装尺寸/mm						基本额定动载荷	基本额定静载荷	极限转速/(r/min)	
		d	d_2	D	T	T_1	d_{1smin}	D_{1smax}	D_{2smax}	B	r_{smin}	r_{1smin}	d_{amin}	D_{amax}	D_{bmin}	d_{bmax}	r_{asmax}	r_{1asmax}	C_a/kN	C_{0a}/kN	脂润滑	油润滑
12(51000 型),22(52000 型)尺寸系列																						
51200	—	10	—	26	11	—	12	26	—	—	0.6	—	20	16	16	—	0.6	—	12.5	17.0	6000	8000
51201	—	12	—	28	11	—	14	28	—	—	0.6	—	22	18	18	—	0.6	—	13.2	19.0	5300	7500
51202	52202	15	10	32	12	22	17	32	32	5	0.6	0.3	25	22	22	15	0.6	0.3	16.5	24.8	4800	6700
51203	—	17	—	35	12	—	19	35	—	—	0.6	—	28	24	24	—	0.6	—	17.0	27.2	4500	6300
51204	52204	20	15	40	14	26	22	40	40	6	0.6	0.3	32	28	28	20	0.6	0.3	22.2	37.5	3800	5300
51205	52205	25	20	47	15	28	27	47	47	7	0.6	0.3	38	34	34	25	0.6	0.3	27.8	50.5	3400	4800
51206	52206	30	25	52	16	29	32	52	52	7	0.6	0.3	43	39	39	30	0.6	0.3	28.0	54.2	3200	4500
51207	52207	35	30	62	18	34	37	62	62	8	1	0.3	51	46	46	35	1	0.3	39.2	78.2	2800	4000
51208	52208	40	30	68	19	36	42	68	68	9	1	0.6	57	51	51	40	1	0.6	47.0	98.2	2400	3600
51209	52209	45	35	73	20	37	47	73	73	9	1	0.6	62	56	56	45	1	0.6	47.8	105	2200	3400
51210	52210	50	40	78	22	39	52	78	78	9	1	0.6	67	61	61	50	1	0.6	48.5	112	2000	3200
51211	52211	55	45	90	25	45	57	90	90	10	1	0.6	76	69	69	55	1	0.6	67.5	158	1900	3000
51212	52212	60	50	95	26	46	62	95	95	10	1	0.6	81	74	74	60	1	0.6	73.5	178	1800	2800
51213	52213	65	55	100	27	47	67	100	100	10	1	0.6	86	79	79	65	1	0.6	74.8	188	1700	2600
51214	52214	70	55	105	27	47	72	105	105	10	1	1	91	84	84	70	1	1	73.5	188	1600	2400
51215	52215	75	60	110	27	47	77	110	110	10	1	1	96	89	89	75	1	1	74.8	198	1500	2200
51216	52216	80	65	115	28	48	82	115	115	10	1	1	101	94	94	80	1	1	83.8	222	1400	2000
51217	52217	85	70	125	31	55	88	125	125	12	1	1	109	101	109	85	1	1	102	280	1300	1900
51218	52218	90	75	135	35	62	93	135	135	14	1.1	1	117	108	108	90	1.1	1	115	315	1200	1800
51220	52220	100	85	150	38	67	103	150	150	15	1.1	1	130	120	120	100	1.1	1	132	375	1100	1700

续表

轴承代号		基本尺寸/mm											安装尺寸/mm						基本额定动载荷	基本额定静载荷	极限转速/(r/min)	
		d	d_2	D	T	T_1	d_{1min}	D_{1max}	D_{2max}	B	r_{smin}	r_{1smin}	d_{amin}	D_{amax}	D_{bmin}	d_{bmax}	r_{asmax}	r_{1asmax}	C_a/kN	C_{0a}/kN	脂润滑	油润滑
13(51000型),23(52000型)尺寸系列																						
51304	—	20	—	—	18	—	22	47	—	—	1	—	36	31	—	—	1	—	35.0	55.8	3600	4500
51305	52305	25	20	52	18	34	27	52	52	8	1	0.3	41	36	36	25	1	0.3	35.5	61.5	3000	4300
51306	52306	30	25	60	21	38	32	60	60	9	1	0.3	48	42	42	30	1	0.3	42.8	78.5	2400	3600
51307	52307	35	30	68	24	44	37	68	68	10	1	0.3	55	48	48	35	1	0.3	55.2	105	2000	3200
51308	52308	40	30	78	26	49	42	78	78	12	1	0.6	63	55	55	40	1	0.6	69.2	135	1900	3000
51309	52309	45	35	85	28	52	47	85	85	12	1	0.6	69	61	61	45	1	0.6	75.8	150	1700	2600
51310	52310	50	40	95	31	58	52	95	95	14	1.1	0.6	77	68	68	50	1.1	0.6	96.5	202	1600	2400
51311	52311	55	45	105	35	64	57	105	105	15	1.1	0.6	85	75	75	55	1.1	0.6	115	242	1500	2200
51312	52312	60	50	110	35	64	62	110	110	15	1.1	0.6	90	80	80	60	1.1	0.6	118	262	1400	2000
51313	52313	65	55	115	36	65	67	115	115	15	1.1	0.6	95	85	85	65	1.1	0.6	115	262	1300	1900
51314	52314	70	55	125	40	72	72	125	125	16	1.1	1	103	92	92	70	1.1	1	148	340	1200	1800
51315	52315	75	60	135	44	79	77	135	135	18	1.5	1	111	99	99	75	1.5	1	162	380	1100	1700
51316	52316	80	65	140	44	79	82	140	140	18	1.5	1	116	104	104	80	1.5	1	162	380	1000	1600
51317	52317	85	70	150	49	87	88	150	150	19	1.5	1	124	111	114	85	1.5	1	208	495	950	1500
51318	52318	90	75	155	50	88	93	155	155	19	1.5	1	129	116	116	90	1.5	1	205	495	900	1400
51320	52320	100	85	170	55	97	103	170	170	21	1.5	1	142	128	128	100	1.5	1	235	595	800	1200
14(51000型),24(52000型)尺寸系列																						
51405	52405	25	15	60	24	45	27	60	60	11	1	0.6	46	39	39	25	1	0.6	55.5	89.2	2200	3400
51406	52406	30	20	70	28	52	32	70	70	12	1	0.6	54	46	46	30	1	0.6	72.5	125	1900	3000
51407	52407	35	25	80	32	59	37	80	80	14	1.1	0.6	62	53	53	35	1.1	0.6	86.8	155	1700	2600
51408	52408	40	30	90	36	65	42	90	90	15	1.1	0.6	70	60	60	40	1.1	0.6	112	205	1500	2200
51409	52409	45	35	100	39	72	47	100	100	17	1.1	0.6	78	67	67	45	1.1	0.6	140	262	1400	2000
51410	52410	50	40	110	43	78	52	110	110	18	1.5	0.6	86	74	74	50	1.5	0.6	160	302	1300	1900
51411	52411	55	45	120	48	87	57	120	120	20	1.5	0.6	94	81	81	55	1.5	0.6	182	355	1100	1700
51412	52412	60	50	130	51	93	62	130	130	21	1.5	0.6	102	88	88	60	1.5	0.6	200	395	1000	1600
51413	52413	65	50	140	56	101	68	140	140	23	2	1	110	95	95	65	2.0	1	215	448	900	1400
51414	52414	70	55	150	60	107	73	150	150	24	2	1	118	102	102	70	2.0	1	255	560	850	1300
51415	52415	75	60	160	65	115	78	160	160	26	2	1	125	110	110	75	2.0	1	268	615	800	1200
51416	52416	80	65	170	68	120	83	170	170	27	2.1	1	133	117	117	80	2.0	1	292	692	750	1100
51417	52417	85	65	180	72	128	88	177	179.5	29	2.1	1.1	141	124	124	85	2.0	1	318	782	700	1000
51418	52418	90	70	190	77	135	93	187	189.5	30	2.1	1.1	149	131	131	90	2.0	1	325	825	670	950
51420	52420	100	80	210	85	150	103	205	209.5	33	3	1.1	165	145	145	100	2.5	1	400	1080	600	850

注:①表中 C_r 值适用于轴承为真空脱气轴承钢材料。如为普通电炉钢,C_r 值降低;如为真空重熔或电渣重熔轴承钢,C_r 值提高;

②r_{smin}、r_{1smin} 分别为 r、r_1 的最小单一倒角尺寸;r_{asmax}、r_{1asmax} 分别为 r_a、r_{1a} 的最大单一圆角半径;

③本标准已作废,仅供参考。

G2. 滚动轴承的配合(GB/T 275—1993 摘录)

表 G-6 向心轴承载荷的区分

载荷大小	轻 载 荷	正常载荷	重 载 荷
$\dfrac{P_r(\text{径向当量动载荷})}{C_r(\text{径向额定动载荷})}$	≤0.07	>0.07~0.15	>0.15

表 G-7 安装向心轴承的轴公差带代号

运转状态		载荷状态	深沟球轴承 调心球轴承 角接触球轴承	圆柱滚子轴承 圆锥滚子轴承	调心滚子轴承	公差带
说　明	举　例		轴承公称内径/mm			
旋转的内圈载荷及摆动载荷	一般通用机械、电动机、机床主轴、泵、内燃机、直齿轮传动装置、铁路机车车辆轴箱、破碎机等	轻载荷	≤18 >18~100 >100~200	— ≤40 >40~140	— ≤40 >40~100	h5 j6① k6①
		正常载荷	≤18 >18~100 >100~140 >140~200	— ≤40 >40~100 >100~140	— ≤40 >40~65 >65~100	j5、js5 k5② m5② m6
		重载荷	— —	>50~140 >140~200	>50~100 >100~140	n6 p6③
固定的内圈载荷	静止轴上的各种轮子，张紧轮、绳轮、振动筛、惯性振动器	所有载荷	所有尺寸			f6 g6① h6 j6
仅有轴向载荷			所有尺寸			j6、js6

注：①凡对精度有较高要求场合，应用 j5、k5…代替 j6、k6…；

②圆锥滚子轴承、角接触球轴承配合对游隙影响不大，可用 k6、m6 代替 k5、m5；

③重载荷下轴承游隙应选大于 0 组。

表 G-8　安装向心轴承的孔公差带代号

运转状态		载荷状态	其他状况	公差带①	
说明	举例			球轴承	滚子轴承
固定外圈载荷	一般机械、铁路机车车辆轴箱、电动机、泵、曲轴主轴承	轻、正常、重	轴向易移动，可采用剖分式外壳	H7,G7②	
		冲击	轴向能移动，可采用整体或剖分式外壳	J7、Js7	
摆动载荷		轻、正常			
		正常、重	轴向不移动，采用整体式外壳	K7	
		冲击		M7	
旋转的外圈载荷	张紧滑轮、轮毂轴承	轻		J7	K7
		正常		K7、M7	M7、N7
		重		—	N7、P7

注：①并列公差带随尺寸的增大从左至右选择，对旋转精度有较高要求时，可相应提高一个公差等级；

②不适合于剖分式外壳。

表 G-9　安装推力轴承的轴和孔公差带代号

运转状态	载荷状态	安装推力轴承的轴公差带		安装推力轴承的外壳孔公差带	
		轴承类型	公差带	轴承类型	公差带
仅有轴向载荷		推力球轴承 推力滚子轴承	j6、js6	推力球轴承	H8
				推力圆柱轴承 圆锥滚子轴承	H7

表 G-10　轴和外壳的几何公差

基本尺寸/mm		圆柱度 t				端面圆跳动 t_1			
		轴颈		外壳孔		轴肩		外壳孔肩	
		轴承公差等级							
		/P0	/P6 (/P6x)	/P0	/P6 (/P6x)	/P0	/P6 (/P6x)	/P0	/P6 (/P6x)
大于	至	公差值/μm							
	6	2.5	1.5	4	2.5	5	3	8	5
6	10	2.5	1.5	4	2.5	6	4	10	6
10	18	3.0	2.0	5	3.0	8	5	12	8
18	30	4.0	2.5	6	4.0	10	6	15	10
30	50	4.0	2.5	7	4.0	12	8	20	12
50	80	5.0	3.0	8	5.0	15	10	25	15
80	120	6.0	4.0	10	6.0	15	10	25	15
120	180	8.0	5.0	12	8.0	20	12	30	20
180	250	10.0	7.0	14	10.0	20	12	30	20
250	315	12.0	8.0	16	12.0	25	15	40	25

注：轴承公差等级新、旧标准代号对照

/P0－G 级；/P6－E 级；/P6x－Ex 级

表 G-11　配合表面的表面粗糙度

轴或轴承座直径/mm		轴或外壳配合表面直径公差等级								
		IT7			IT6			IT5		
		表面粗糙度/μm								
超过	到	Rz	Ra		Rz	Ra		Rz	Ra	
			磨	车		磨	车		磨	车
	80	10	1.6	3.2	6.3	0.8	1.6	4	0.4	0.8
80	500	16	1.6	3.2	10	1.6	3.2	6.3	0.8	1.6
端面		25	3.2	6.3	25	3.2	6.3	10	1.6	3.2

注：与/P0、/P6(/P6x)级公差轴承配合的轴，其公差等级一般为 IT6，外壳孔一般为 IT7。

G3. 滚动轴承座

表 G-12　滚动轴承座(GB 7813—2008 摘录)

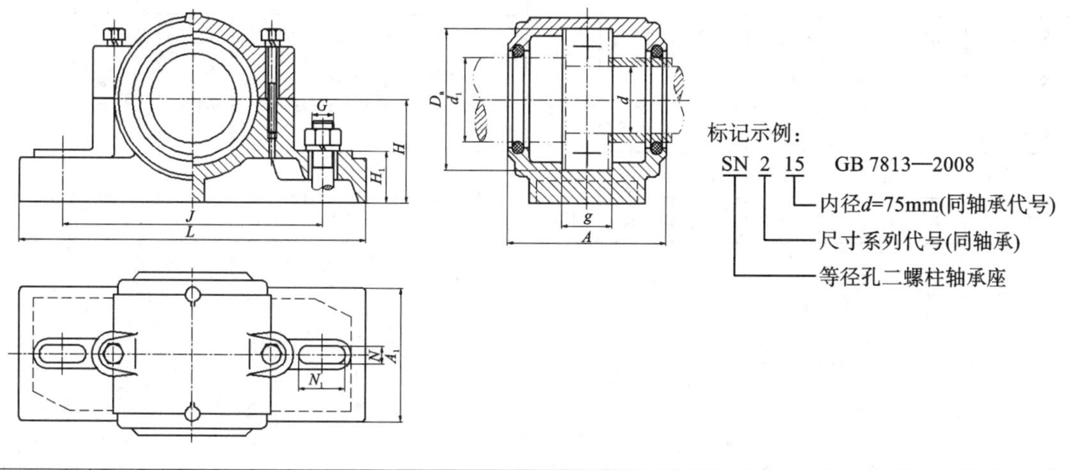

型号	d	d_1	D_a	g	A_{max}	A_1	H	$H_{1\ max}$	L_{max}	J	G	N	$N_{1\ min}$
SN205	25	30	52	25	72	46	40	22	170	130	M12	15	15
SN206	30	35	62	30	82	52	50		190	150			
SN207	35	45	72	33	85								
SN208	40	50	80	33	92	60	60	25	210	170			
SN209	45	55	85	31									
SN210	50	60	90	33	100								
SN211	55	65	100	33	105	70	70	28	270	210	M16	18	18
SN212	60	70	110	38	115			30					
SN213	65	75	120	43	120	80	80	30	290	230			
SN214	70	80	125	44									
SN215	75	85	130	41	125								

续表

<table>
<tr><th>型号</th><th>d</th><th>d_1</th><th>D_a</th><th>g</th><th>A_{max}</th><th>A_1</th><th>H</th><th>$H_{1\,max}$</th><th>L_{max}</th><th>J</th><th>G</th><th>N</th><th>$N_{1\,min}$</th></tr>
<tr><td>SN216</td><td>80</td><td>90</td><td>140</td><td>43</td><td>135</td><td rowspan="2">90</td><td rowspan="2">95</td><td rowspan="2">32</td><td rowspan="2">330</td><td rowspan="2">260</td><td rowspan="3">M20</td><td rowspan="3">22</td><td rowspan="3">22</td></tr>
<tr><td>SN217</td><td>85</td><td>95</td><td>150</td><td>46</td><td>140</td></tr>
<tr><td>SN218</td><td>90</td><td>100</td><td>160</td><td>62.4</td><td>145</td><td>100</td><td>100</td><td>35</td><td>360</td><td>290</td></tr>
<tr><td>SN220</td><td>100</td><td>115</td><td>180</td><td>70.3</td><td>165</td><td>110</td><td>112</td><td>40</td><td>400</td><td>320</td><td>M24</td><td>26</td><td>26</td></tr>
<tr><td>SN305</td><td>25</td><td>30</td><td>62</td><td>34</td><td>82</td><td rowspan="2">52</td><td rowspan="2">50</td><td rowspan="2">22</td><td rowspan="2">185</td><td rowspan="2">150</td><td rowspan="4">M12</td><td rowspan="4">15</td><td rowspan="4">20</td></tr>
<tr><td>SN306</td><td>30</td><td>35</td><td>72</td><td>37</td><td>85</td></tr>
<tr><td>SN307</td><td>35</td><td>45</td><td>80</td><td>41</td><td>92</td><td rowspan="2">60</td><td rowspan="2">60</td><td rowspan="2">25</td><td rowspan="2">205</td><td rowspan="2">170</td></tr>
<tr><td>SN308</td><td>40</td><td>50</td><td>90</td><td>43</td><td>100</td></tr>
<tr><td>SN309</td><td>45</td><td>55</td><td>100</td><td>46</td><td>105</td><td rowspan="2">70</td><td rowspan="2">70</td><td>28</td><td rowspan="2">255</td><td rowspan="2">210</td><td rowspan="4">M16</td><td rowspan="4">18</td><td rowspan="4">23</td></tr>
<tr><td>SN310</td><td>50</td><td>60</td><td>110</td><td>50</td><td>115</td><td rowspan="3">30</td></tr>
<tr><td>SN311</td><td>55</td><td>65</td><td>120</td><td>53</td><td>120</td><td rowspan="2">80</td><td rowspan="2">80</td><td>275</td><td rowspan="2">230</td></tr>
<tr><td>SN312</td><td>60</td><td>70</td><td>130</td><td>56</td><td>125</td><td>280</td></tr>
<tr><td>SN313</td><td>65</td><td>75</td><td>140</td><td>58</td><td>135</td><td rowspan="2">90</td><td rowspan="2">95</td><td rowspan="2">32</td><td>315</td><td rowspan="2">260</td><td rowspan="4">M20</td><td rowspan="4">22</td><td rowspan="4">27</td></tr>
<tr><td>SN314</td><td>70</td><td>80</td><td>150</td><td>61</td><td>140</td><td>320</td></tr>
<tr><td>SN315</td><td>75</td><td>85</td><td>160</td><td>65</td><td>145</td><td rowspan="2">100</td><td>100</td><td rowspan="2">35</td><td rowspan="2">345</td><td rowspan="2">290</td></tr>
<tr><td>SN316</td><td>80</td><td>90</td><td>170</td><td>68</td><td>150</td><td rowspan="2">112</td></tr>
<tr><td>SN317</td><td>85</td><td>95</td><td>180</td><td>70</td><td>165</td><td>110</td><td>40</td><td>380</td><td>320</td><td>M24</td><td>26</td><td>32</td></tr>
</table>

附录H 润 滑 剂

H1. 润滑剂

表 H-1 工业常用润滑油的性能和用途

名 称	牌 号	运动黏度/($\mathrm{mm^2/s}$)		倾点/℃ (≤)	闪点(开口) /℃(≥)	主 要 用 途
		40/℃	100/℃			
全损耗系统用油 (GB 443—1989)	L-AN5	4.14～5.06		−5	80	主要适用于对润滑油无特殊要求的全损耗润滑系统，不适用于循环润滑系统
	L-AN7	6.12～7.48			110	
	L-AN10	9.00～11.0			130	
	L-AN15	13.5～16.5			150	
	L-AN22	19.8～24.2				
	L-AN32	28.8～35.2				
工业闭式齿轮油 (GB 5903—2011)	L-CKC68	61.2～74.8		−12	180	主要适用于保持在正常或中等恒定油温和重负荷下运转的齿轮的润滑
	L-CKC100	90.0～110			200	
	L-CKC150	135～165				
	L-CKC220	198～242				
	L-CKC320	288～352				
	L-CKC460	414～506				
	L-CKC680	612～748		−9		
液压油 (GB 11118.1—2011)	L-HL15	13.5～16.5		−12	140	常用于低压液压系统，也可适用于要求换油期较长的轻负荷机械的油浴式非循环润滑系统。无本产品时可用 L—HM 油或用其他抗氧防锈型润滑油
	L-HL22	19.8～24.2		−9	165	
	L-HL32	28.8～35.2		−6	175	
	L-HL46	41.4～50.6			185	
	L-HL68	61.2～74.8			195	
	L-HL100	90.0～110			205	
汽轮机油 (GB 11120—2011)	L-TSA32	28.8～35.2		−6	186	适用于电力、船舶及其他工业汽轮机组、水轮机组的润滑和密封
	L-TSA46	41.4～50.6				
	L-TSA68	61.2～74.8			195	
	L-TSA100	90.0～110				
L-CKE/P 蜗轮蜗杆油 (SH/T 0094—1991)	220	198～242		−12	200	极压型蜗轮蜗杆油，用于铜-钢配对的圆柱形承受重负荷、传动中有振动和冲击的蜗轮蜗杆副，包括该设备的齿轮和直齿圆柱齿轮等部件的润滑，及其他机械设备的润滑
	320	288～352				
	460	414～506			220	
	680	612～748				
	1000	900～1100				
普通开式齿轮油 (SH/T 0363—1992)	68		60～75		200	适用于开式齿轮、链条和钢丝绳的润滑
	100		90～100			
	150		135～165			
	220		200～245		210	
	320		290～350			

表 H-2 常用润滑脂的主要性质和用途

名　称	牌号（或代号）	滴点/℃（不低于）	工作锥入度/(1/10 mm)	主要用途
钙基润滑脂(GB/T 491—2008)	1号	80	310～340	适用于冶金、纺织等机械设备和拖拉机等农用机械的润滑与防护，使用温度范围为－10～60 ℃
	2号	85	265～295	
	3号	90	220～250	
	4号	95	175～205	
钠基润滑脂(GB 492—1989)	2号	160	265～295	适用于－10～110 ℃温度范围内一般中等负荷机械设备的润滑，不适用于与水相接触的润滑部位
	3号		220～250	
通用锂基润滑脂(GB/T 7324—2010)	1号	170	310～340	适用于工作温度在－20～120 ℃的各种机械设备的滚动轴承和滑动轴承及其他摩擦部位的润滑
	2号	175	265～295	
	3号	180	220～250	
钙钠基润滑脂(SH/T 0368—1992)	2号	120	250～290	适用于铁路机车和列车的滚动轴承、小电动机和发电机的滚动轴承以及其他高温轴承等的润滑。上限工作温度为100 ℃，在低温情况下不适用
	3号	135	200～240	
石墨钙基润滑脂(SH/T 0369—1992)		80		适用于压延机的人字齿轮，汽车弹簧，起重机齿轮转盘，矿山机械，绞车和钢丝绳等高负荷、低转速的粗糙机械的润滑
7407号齿轮润滑脂(SH/T 0469—1994)		160	75～90	适用于各种低速，中、重负荷齿轮、链轮和联轴器等部位的润滑，适宜采用涂刷润滑方式。使用温度范围为－10～120 ℃
精密机床主轴润滑脂(SH/T 0382—1992)	2号	180	265～295	适用于精密机床和磨床的高速磨头主轴的长期润滑
	3号		220～250	

H2. 润滑装置

表 H-3 直通式压注油杯(JB/T 7940.1—1995 摘录)　　(mm)

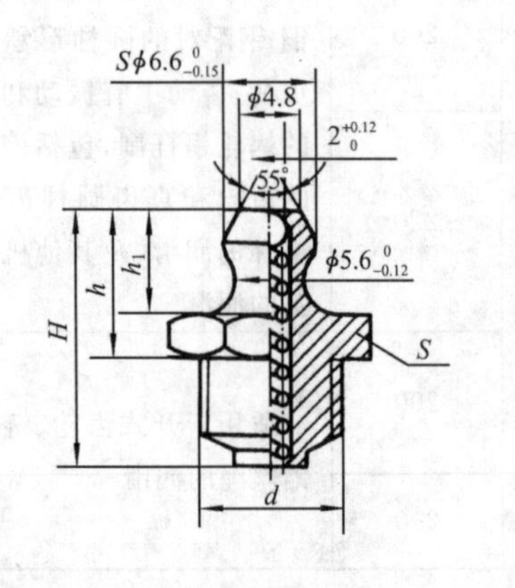

d	H	h	h_1	S	钢球(按 GB/T 308—2002)
M6	13	8	6	8	3
M8×1	16	9	6.5	10	
M10×1	18	10	10	11	

标记示例：

连接螺纹 M10×1，直通式压注油杯的标记为

油杯 M10×1 JB/T 7940.1—1995

表 H-4　接头式压注油杯（JB/T 7940.2—1995 摘录）　　　　(mm)

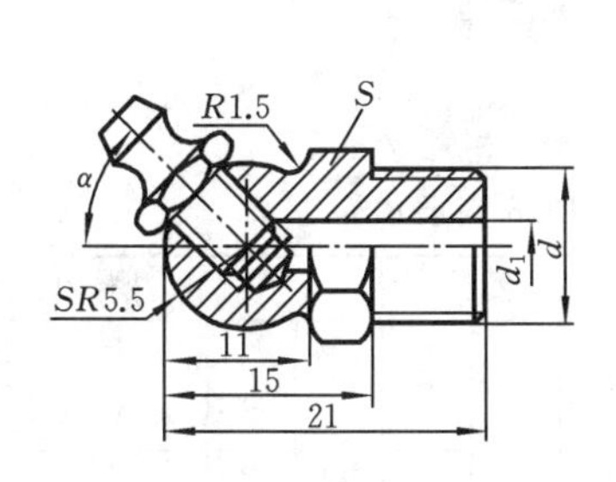

<table>
<tr><th>d</th><th>d_1</th><th>α</th><th>S</th><th>直通式压注油杯
（按 JB/T 7940.1—1995）</th></tr>
<tr><td>M6</td><td>3</td><td rowspan="3">45°,90°</td><td rowspan="3">11</td><td rowspan="3">M6</td></tr>
<tr><td>M8×1</td><td>4</td></tr>
<tr><td>M10×1</td><td>5</td></tr>
<tr><td colspan="5">标记示例：
连接螺纹 M10×1，45°接头式压注油杯的标记为
油杯 45° M10×1 JB/T 7940.2—1995</td></tr>
</table>

表 H-5　旋盖式油杯（JB/T 7940.3—1995 摘录）　　　　(mm)

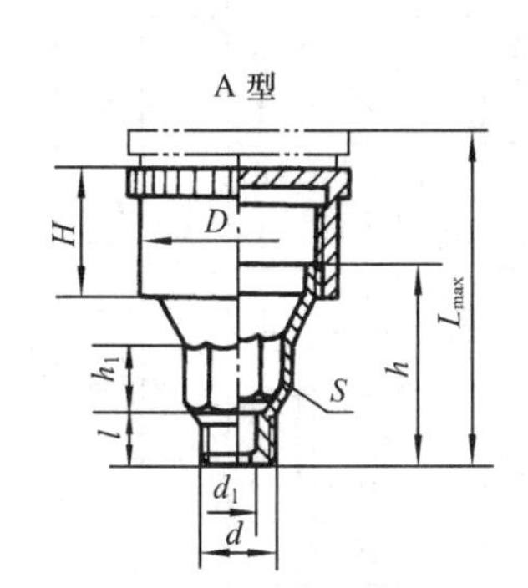

<table>
<tr><th>最小容量
/cm³</th><th>d</th><th>l</th><th>H</th><th>h</th><th>h_1</th><th>d_1</th><th>D</th><th>L_{max}</th><th>S</th></tr>
<tr><td>1.5</td><td>M8×1</td><td rowspan="3">8</td><td>14</td><td>22</td><td>7</td><td>3</td><td>16</td><td>33</td><td>10</td></tr>
<tr><td>3</td><td rowspan="2">M10×1</td><td>15</td><td>23</td><td rowspan="2">8</td><td rowspan="2">4</td><td>20</td><td>35</td><td rowspan="2">13</td></tr>
<tr><td>6</td><td>17</td><td>26</td><td>26</td><td>40</td></tr>
<tr><td>12</td><td rowspan="3">M14×1.5</td><td rowspan="5">12</td><td>20</td><td>30</td><td rowspan="5">10</td><td rowspan="5">5</td><td>32</td><td>47</td><td rowspan="3">18</td></tr>
<tr><td>18</td><td>22</td><td>32</td><td>36</td><td>50</td></tr>
<tr><td>25</td><td>24</td><td>34</td><td>41</td><td>55</td></tr>
<tr><td>50</td><td rowspan="2">M16×1.5</td><td>30</td><td>44</td><td>51</td><td>70</td><td rowspan="2">21</td></tr>
<tr><td>100</td><td>38</td><td>52</td><td>68</td><td>85</td></tr>
<tr><td colspan="10">标记示例：
最小容量 25 cm³，A 型旋盖式油杯的标记为
油杯 A25 JB/T 7940.3—1995</td></tr>
</table>

表 H-6　压配式压注油杯（JB/T 7940.4—1995 摘录）　　　　(mm)

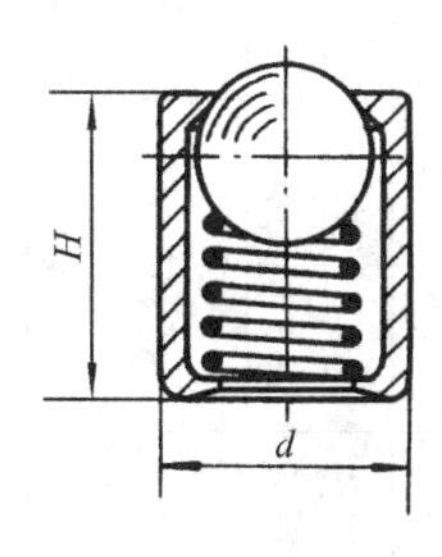

<table>
<tr><th colspan="2">d</th><th rowspan="2">H</th><th rowspan="2">钢球（按 GB/T308—2002）</th></tr>
<tr><th>基本尺寸</th><th>极限偏差</th></tr>
<tr><td>6</td><td>+0.040
+0.028</td><td>6</td><td>4</td></tr>
<tr><td>8</td><td>+0.049
+0.034</td><td>10</td><td>5</td></tr>
<tr><td>10</td><td>+0.058
+0.040</td><td>12</td><td>6</td></tr>
<tr><td>16</td><td>+0.063
+0.045</td><td>20</td><td>11</td></tr>
<tr><td>25</td><td>+0.085
+0.064</td><td>30</td><td>12</td></tr>
<tr><td colspan="4">标记示例：
d=8 mm，压配式压注油杯的标记为
油杯 8 JB/T 7940.4—1995</td></tr>
</table>

附录I 密 封 件

表 I-1 毡圈油封及槽(JB/ZQ 4606—1986 摘录) (mm)

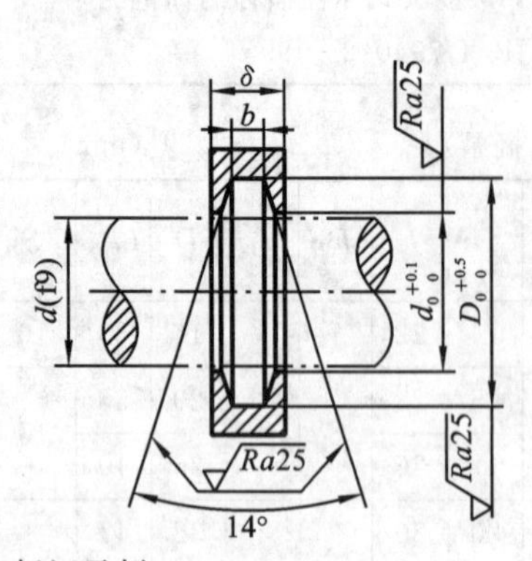

标记示例：

d=50 mm 的毡圈油封标记为

毡圈 50 JB/ZQ 4606—1986

材料为半粗羊毛毡

轴径	毡圈			槽				
							δ_{min}	
d	D	d_1	B	D_0	d_0	b	钢	铸铁
15	29	14	6	28	16	5	10	12
20	33	19		32	21			
25	39	24	7	38	26	6	12	15
30	45	29		44	31			
35	49	34		48	36			
40	53	39		52	41			
45	61	44	8	60	46	7		
50	69	49		68	51			
55	74	53		72	56			
60	80	58		78	61			
65	84	63		82	66			
70	90	68		88	71			
75	94	73		92	77			
80	102	78	9	100	82	8	15	18
85	107	83		105	87			
90	112	88		110	92			
95	117	93	10	115	97			
100	122	98		120	102			

表 I-2 液压气动用 O 形橡胶密封圈(GB/T 3452.1—2005 摘录) (mm)

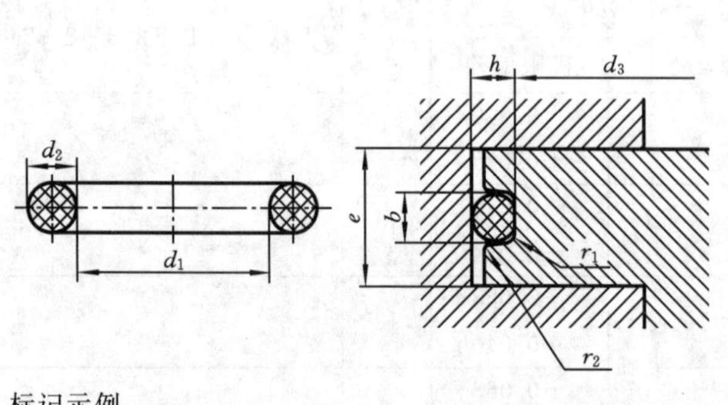

标记示例

内径 d_1=32.5 mm，截面直径 d_2=2.65 mm，A 系列 N 级 O 形密封圈的标记为

O 形圈 32.5×2.65-A-N-GB/T 3452.1—2005

沟槽尺寸(GB/T 3452.3—2005)					
d_2	$b^{+0.25}_{0}$	$h^{+0.10}_{0}$	d_3 偏差值	r_1	r_2
1.8	2.4	1.38	0 −0.04	0.2～0.4	0.1～0.3
2.65	3.6	2.07	0 −0.05	0.4～0.8	
3.55	4.8	2.74	0 −0.06		
5.3	7.1	4.19	0 −0.07	0.8～1.2	
7.0	9.5	5.67	0 −0.09		

续表

d_1		d_2				d_1		d_2			
尺寸	公差±	1.8±0.08	2.65±0.09	3.55±0.10	5.3±0.13	尺寸	公差±	2.65±0.09	3.55±0.10	5.3±0.13	7.0±0.15
10	0.19	*				51.5	0.49	*	*	*	
10.6	0.19	*	*			53	0.50	*	*	*	
11.2	0.20	*	*			54.5	0.51	*	*	*	
11.6	0.20	*	*			56	0.52	*	*	*	
11.8	0.20	*	*			58	0.54	*	*	*	
12.1	0.21	*	*			60	0.55	*	*	*	
12.5	0.21	*	*			61.5	0.56	*	*	*	
12.8	0.21	*	*			63	0.57	*	*	*	
13.2	0.21	*	*			65	0.58	*	*	*	
14	0.22	*	*			67	0.60	*	*	*	
14.5	0.22	*	*			69	0.61	*	*	*	
15	0.22	*	*			71	0.63	*	*	*	
15.5	0.23	*	*			73	0.64	*	*	*	
16	0.23	*	*			75	0.65	*	*	*	
17	0.24	*	*			77.5	0.67	*	*	*	
18	0.25	*	*	*		80	0.69	*	*	*	
19	0.25	*	*	*		82.5	0.71	*	*	*	
20	0.26	*	*	*		85	0.72	*	*	*	
20.6	0.26	*	*	*		87.5	0.74	*	*	*	
21.2	0.27	*	*	*		90	0.76	*	*	*	
22.4	0.28	*	*	*		92.5	0.77	*	*	*	
23	0.29	*	*	*		95	0.79	*	*	*	
23.6	0.29	*	*	*		97.5	0.81	*	*	*	
24.3	0.30	*	*	*		100	0.82	*	*	*	
25	0.30	*	*	*		103	0.85	*	*	*	
25.8	0.31	*	*	*		106	0.87	*	*	*	*
26.5	0.31	*	*	*		109	0.89	*	*	*	*
27.3	0.32	*	*	*		112	0.91	*	*	*	*
28	0.32	*	*	*		115	0.93	*	*	*	*
29	0.33	*	*	*		118	0.95	*	*	*	*
30	0.34	*	*	*		122	0.97	*	*	*	*
31.5	0.35	*	*	*		125	0.99	*	*	*	*
32.5	0.36	*	*	*		128	1.01	*	*	*	*
33.5	0.36	*	*	*		132	1.04	*	*	*	*
34.5	0.37	*	*	*		136	1.07	*	*	*	*
35.5	0.38	*	*	*		140	1.09	*	*	*	*
36.5	0.38	*	*	*		142.5	1.11	*	*	*	*

续表

尺寸	公差±	1.8± 0.08	2.65± 0.09	3.55± 0.10	5.3± 0.13	尺寸	公差±	2.65± 0.09	3.55± 0.10	5.3± 0.13	7.0±0.15
37.5	0.39	*	*	*		145	1.13	*	*	*	*
38.7	0.40	*	*	*		147.5	1.14	*	*	*	*
40	0.41	*	*	*	*	150	1.16	*	*	*	*
41.2	0.42	*	*	*	*	152.5	1.18		*	*	*
42.5	0.43	*	*	*	*	155	1.19		*	*	*
43.7	0.44	*	*	*	*	157.5	1.21		*	*	*
45	0.44	*	*	*	*	160	1.23		*	*	*
46.2	0.45	*	*	*	*	162.5	1.24		*	*	*
47.5	0.46	*	*	*	*	165	1.26		*	*	*
48.7	0.47	*	*	*	*	167.5	1.28		*	*	*
50	0.48	*	*	*	*	170	1.29		*	*	*

注:表中“*”表示包括的规格。

表 I-3　旋转轴唇形密封圈(GB 13871.1—2007 摘录)　(mm)

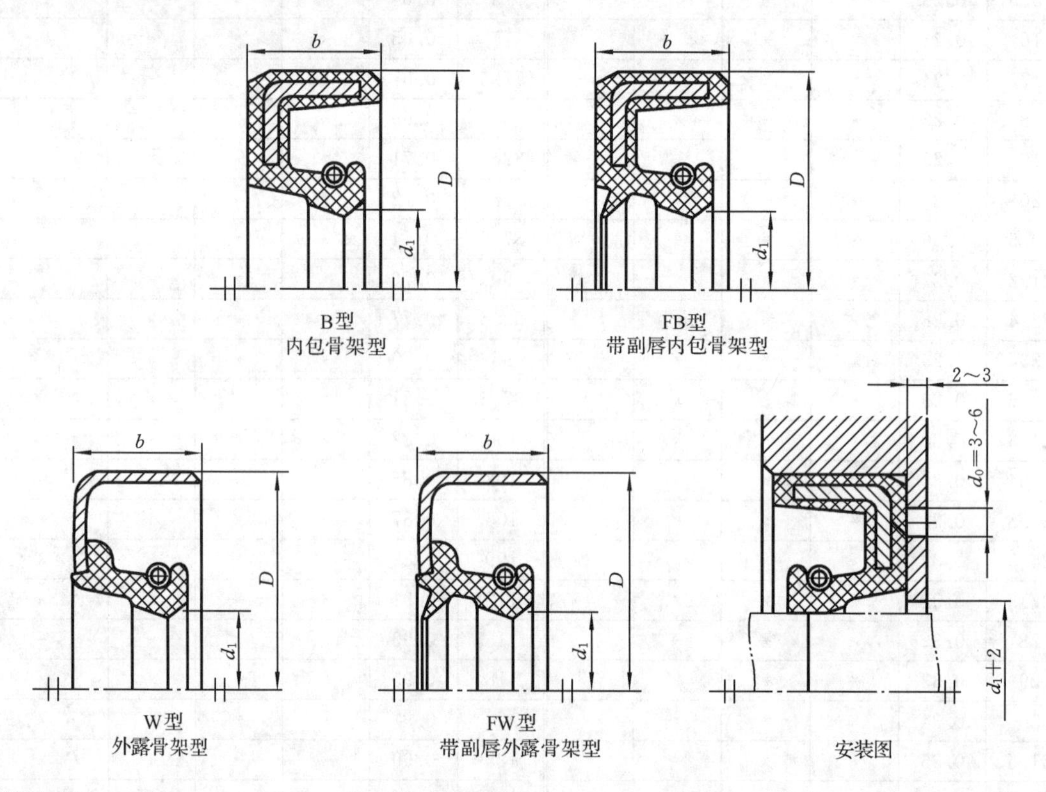

标记示例：

d_1=30 mm,D=52 mm 的带副唇的内包骨架型旋转轴唇型密封圈的标记为 FB 030052 GB/T 13871.1—2007

续表

d_1	D	b	d_1	D	b	d_1	D	b
6	16,22	7	25	40,47,52	7	60	80,85	8
7	22		28	40,47,52		65	85,90	10
8	22,24		30	42,47,(50),52		70	90,95	
9	22		32	45,47,52	8	75	95,100	
10	22,25		35	50,52,55		80	100,110	
12	24,25,30		38	55,58,62		85	110,120	12
15	26,30,35		40	55,(60),62		90	(115),120	
16	30,(35)		42	55,62		95	120	
18	30,35		45	62,65		100	125	
20	35,40,(45)		50	68,(70),72		105	(130)	
22	35,40,47		55	72,(75),80		110	140	

轴导入倒角

轴径 d_1	d_1-d_2	轴径 d_1	d_1-d_2
$d_1 \leqslant 10$	1.5	$40<d_1 \leqslant 50$	3.5
$10<d_1 \leqslant 20$	2.0	$50<d_1 \leqslant 70$	4.0
$20<d_1 \leqslant 30$	2.5	$70<d_1 \leqslant 95$	4.5
$30<d_1 \leqslant 40$	3.0	$95<d_1 \leqslant 130$	5.5

腔体内孔尺寸

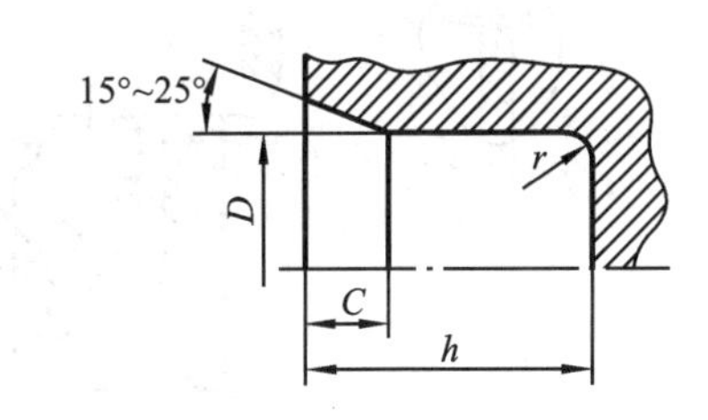

密封圈公称总宽度 b	腔体内孔深度 h	倒角长度 C	r_{max}
≤10	$b+0.9$	0.70～1.00	0.50
>10	$b+1.2$	1.20～1.50	0.75

注:①括号内的的值为国内用到而 ISO 6194-1—1982 中没有的规格;

②轴的直径公差不得超过 h11,腔体内孔公差不应超过 H8;

③与密封圈唇口接触的轴表面粗糙度 $Ra=(0.2\sim0.63)\mu m$,$Rz=(0.8\sim2.5)\mu m$,腔体内孔表面粗糙度 $Ra=(1.6\sim3.2)\mu m$,$Rz=(6.3\sim12.5)\mu m$。

表 I-4　J 型无骨架橡胶油封（HG 4-338—1966 摘录，1988 年确认继续执行）　　(mm)

轴径 d		30～95（按 5 进位）	100～170（按 10 进位）
油封尺寸	D	$d+25$	$d+30$
	D_1	$d+16$	$d+20$
	d_1	$d-1$	
	H	12	16
油封槽尺寸	S	6～8	8～10
	D_0	$D+15$	
	D_2	D_0+15	
	n	4	6
	H_1	$H-(1\sim2)$	

标记示例：

$d=50$ mm，$D=75$ mm，$H=12$ mm，耐油橡胶 I—1，J 型无骨架橡胶油封的标记为

J 型油封 50×75×12 橡胶 I—1 HG 4-338—1966

表 I-5　迷宫式密封槽（JB/ZQ 4245—2006 摘录）　　(mm)

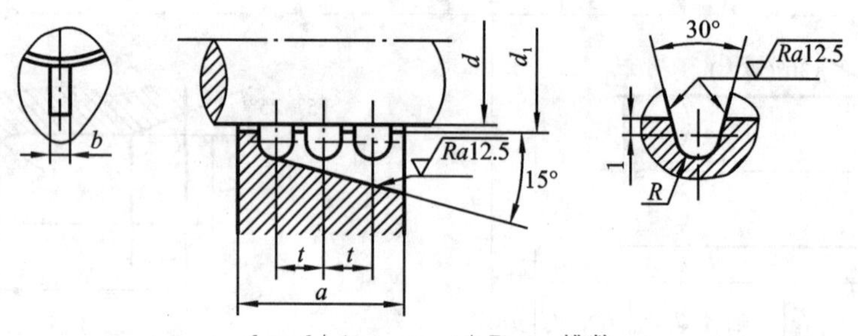

$d_1=d+1$；$a_{min}=nt+R$；n—槽数

轴径 d	R	t	b	轴径 d	R	t	b
25～80	1.5	4.5	4	120～180	2.5	7.5	6
80～120	2	6	5	>180	3	9	7

注：①表中 R，t，b 尺寸，在个别情况下可用于与表中不相对应的轴径上；

②一般 $n=2\sim4$ 个，使用 3 个的较多。

附录J　减速器装配图常见错误示例

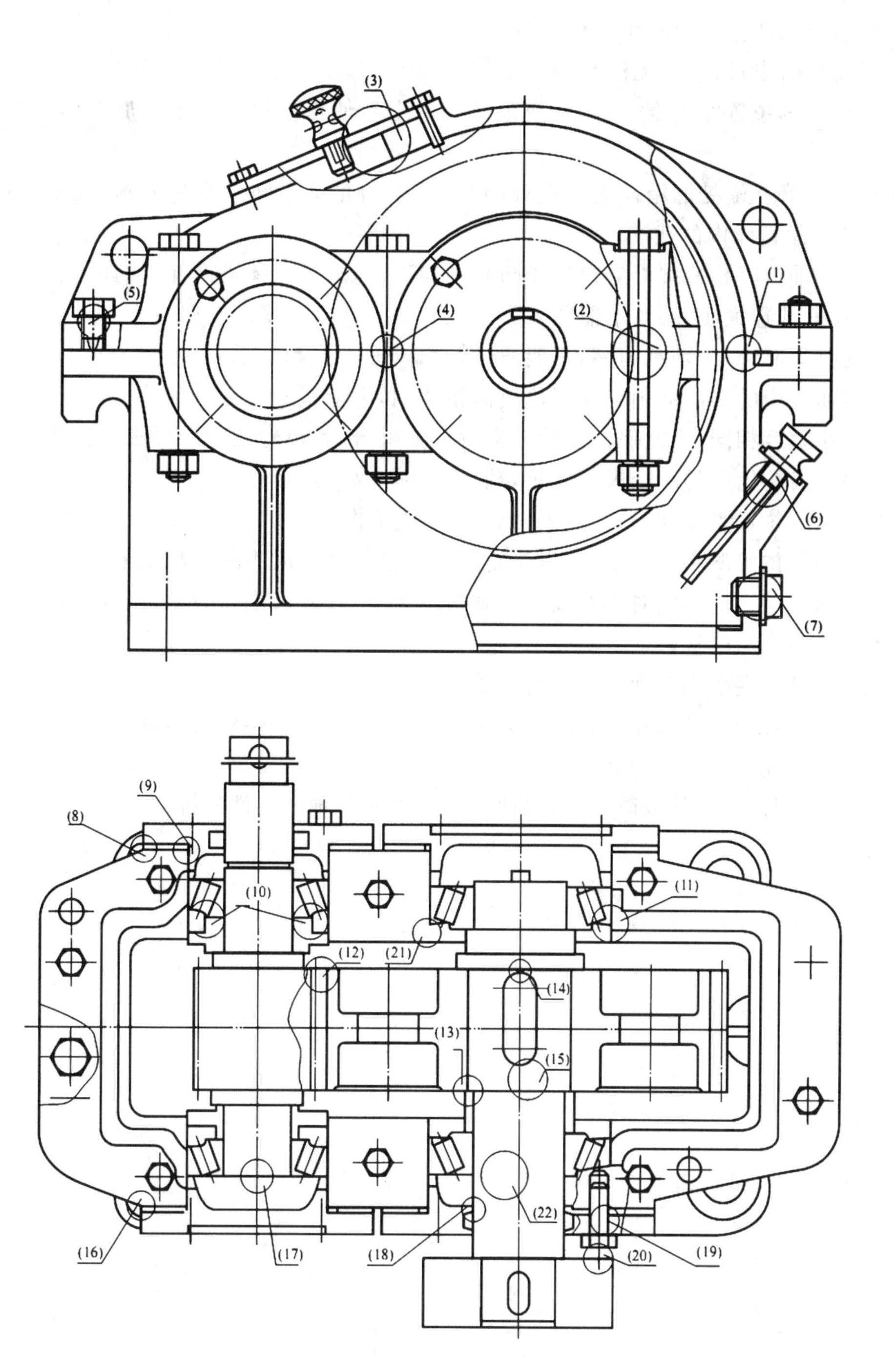

图 J-1　减速器装配图常见错误示例

图 J-1 所示为减速器装配图一些常见错误示例，分别说明如下。

(1) 轴承采用油润滑，但油不能导入油沟。

(2) 螺栓杆与被连接件螺栓孔表面应该有间隙。

(3) 观察孔设计太小，不便于检查传动件啮合情况，并且没有设计垫片密封。

(4) 箱盖与箱座接合面应画成粗实线。

(5) 起盖螺钉设计过短，无法起盖。

(6) 油标尺的位置倾斜度不合理(或设计太靠上)，使得油尺座孔难以加工，且油标尺无法装拆。

(7) 放油螺塞孔端处的箱体没有设计凸起，螺塞与箱体之间没有封油圈，且螺塞位置设计过高，很难排干净箱体内的残油。

(8)、(16) 轴承座孔的端面应设计成凸起的加工面，减少箱体表面加工的面积。

(9) 垫片的孔径太小，端盖不能装入。

(10) 轴套太厚，高于轴承内圈，不能通过轴承内圈来拆卸轴承。

(11) 输油沟中的润滑油很容易直接流回箱体内，不能很好地润滑轴承。

(12) 齿轮宽度相同，不能保证齿轮在全齿宽上啮合，且齿轮的啮合画法不正确。

(13) 轴与齿轮轮毂的配合段一样长，轴套不能可靠固定齿轮。

(14) 键槽的位置紧靠轴肩，加大了轴肩处的应力集中。

(15) 键槽的位置离轴端面太远，齿轮轮毂的键槽在装配时不易对准轴上的键。

(17) 轴承端盖在周向应对称开设多对缺口，以便于在安装端盖时缺口容易与油沟对齐。

(18) 端盖不能与轴接触。

(19) 螺钉杆与端盖螺钉孔之间应有间隙。

(20) 外接零件端面与箱体端盖距离太近，不便于使用端盖螺钉进行拆卸。

(21) 轴承座孔应设计成通孔。

(22) 轴段太长，应设计成阶梯轴，以便于轴的加工和轴上零件的拆卸。

附录 K　参考图例

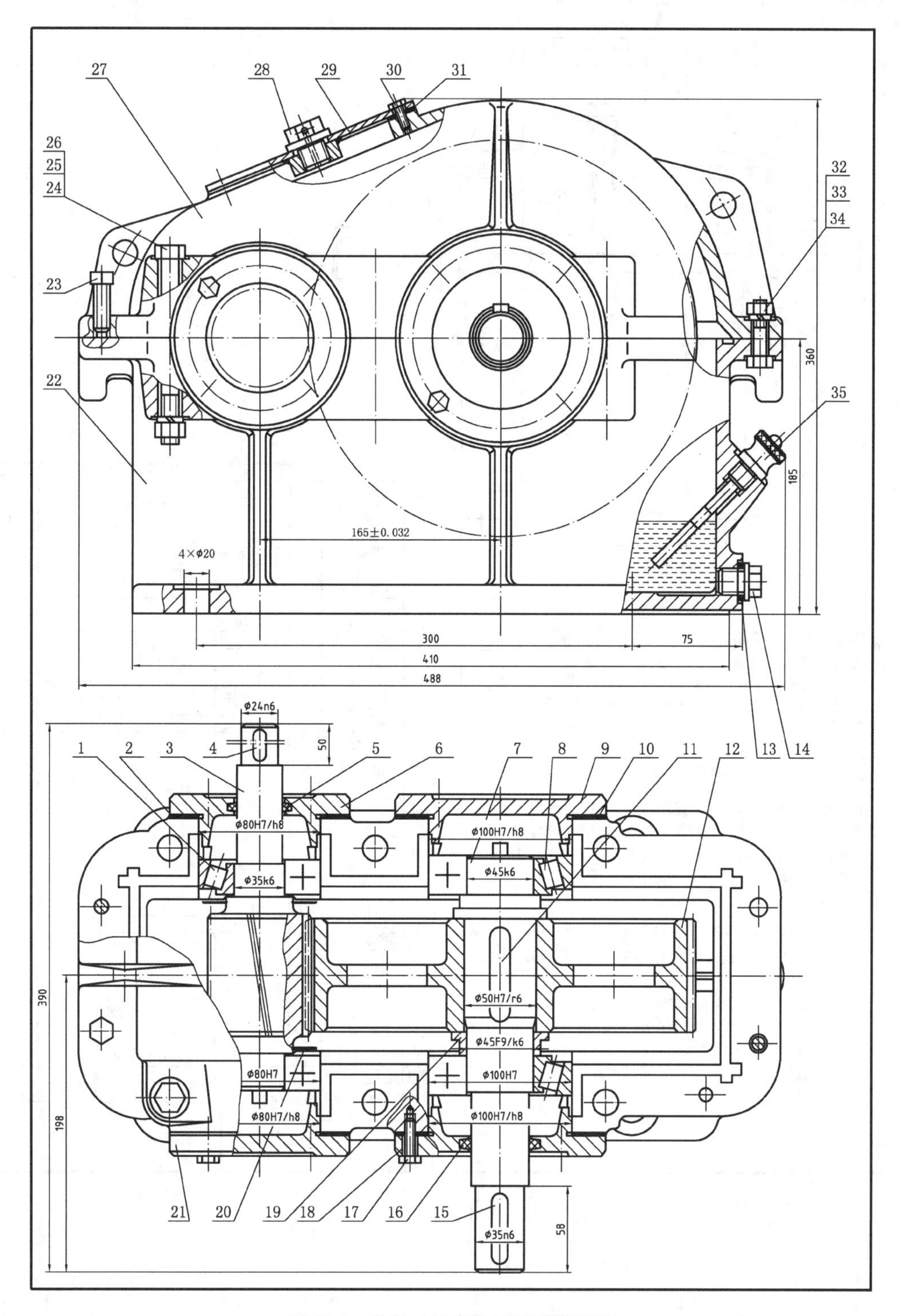

图 K-1　单级圆柱齿轮减速器装配图

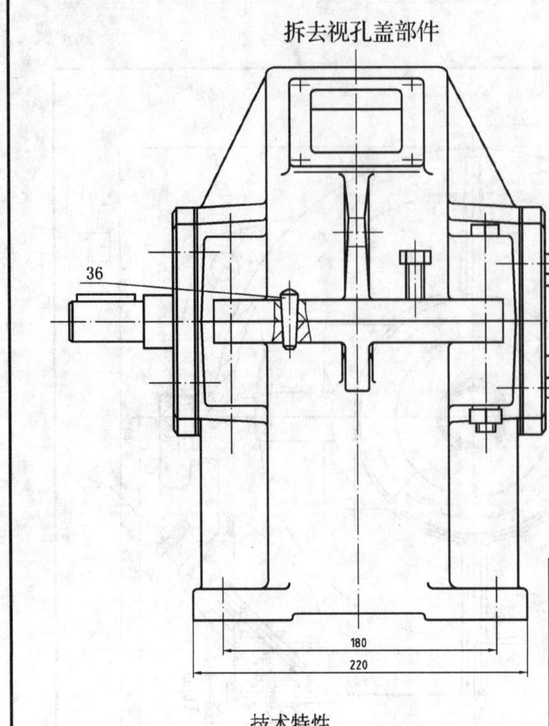

技术特性

输入功率/kW	输入转速/(r/min)	传动比 i	效率 η	传动特性				
				β	m_n	齿数		精度等级
3.42	720	4.15	0.95	12°14'19"	2.5	z_1	25	8 GB/T 10095—2008
						z_2	104	8 GB/T 10095—2008

技术要求

1. 装配前，所有零件需用煤油清洗，滚动轴承用汽油清洗，箱内不允许有任何杂物，内壁用耐油油漆涂刷两次。
2. 齿轮啮合侧隙用铅丝检验，其侧隙值不小于0.16 mm。
3. 检验齿面接触斑点，要求接触斑点占齿宽的35%，占齿面有效高度的40%。
4. 滚动轴承30207、30209的轴向调整游隙均为0.05～0.1 mm。
5. 箱内加注AN150全损耗系统用油（GB/T 443—1989）至规定油面高度。
6. 剖分面允许涂密封胶或水玻璃，但不允许使用任何填料。剖分面、各接触面及密封处均不得漏油。
7. 减速器外表面涂灰色油漆。
8. 按试验规范进行试验，并符合规范要求。

序号	名称	数量	材料	标准及规格	备注
36	圆锥销	2	35	销 GB/T 117 A8×30	
35	油标尺	1	Q235-A		组合件
34	弹簧垫圈	2	65Mn	垫圈 GB/T 93 10	
33	螺母	2	Q235-A	螺母 GB/T 6170 M10	
32	螺栓	2	Q235-A	螺栓 GB/T 5782 M10×40	
31	垫片	1	石棉橡胶纸		
30	螺钉	4	Q235-A	螺栓 GB/T 5781 M6×16	
29	视孔盖	1	Q235-A		
28	通气塞	1	Q235-A		
27	箱盖	1	HT200		
26	弹簧垫圈	6	65Mn	垫圈 GB/T 93 12	
25	螺母	6	Q235-A	螺母 GB/T 6170 M12	
24	螺栓	6	Q235-A	螺栓 GB/T 5782 M12×120	
23	启盖螺钉	1	Q235-A	螺栓 GB/T 5783 M10×35	
22	箱座	1	HT200		
21	轴承端盖	1	HT200		
20	挡油环	2	Q235-A		冲压件
19	轴套	1	45		
18	轴承端盖	1	HT200		
17	螺钉	16	Q235-A	螺栓 GB/T 5783 M8×25	
16	毡圈	1	半粗羊毛毡	毡圈 42JB/ZQ 4606	
15	键	1	45	键 10×50 GB/T 1096	
14	油塞	1	Q235-A	螺塞 M20×1.5JB/ZQ 4450	
13	封油垫	1	石棉橡胶纸		
12	齿轮	1	45	m_n=2.5，z=104	
11	键	1	45	键 14×63 GB/T 1096	
10	调整垫片	2组	08F		
9	轴承端盖	1	HT200		
8	圆锥滚子轴承	2		滚动轴承 30209 GB/T 297	
7	轴	1	45		
6	轴承端盖	1	HT200		
5	毡圈	1	半粗羊毛毡	毡圈 32JB/ZQ4606	
4	键	1	45	键 8×45 GB/T 1096	
3	齿轮轴	1	45	m_n=2.5，z=25	
2	调整垫片	2组	08F		
1	圆锥滚子轴承	2		滚动轴承 30207 GB/T 297	

单级圆柱齿轮减速器		比例	图号	重量	共 张
					第 张
设计	年 月	机械设计			(校名)
绘图		课程设计			(班名)
审核					

续图 K-1

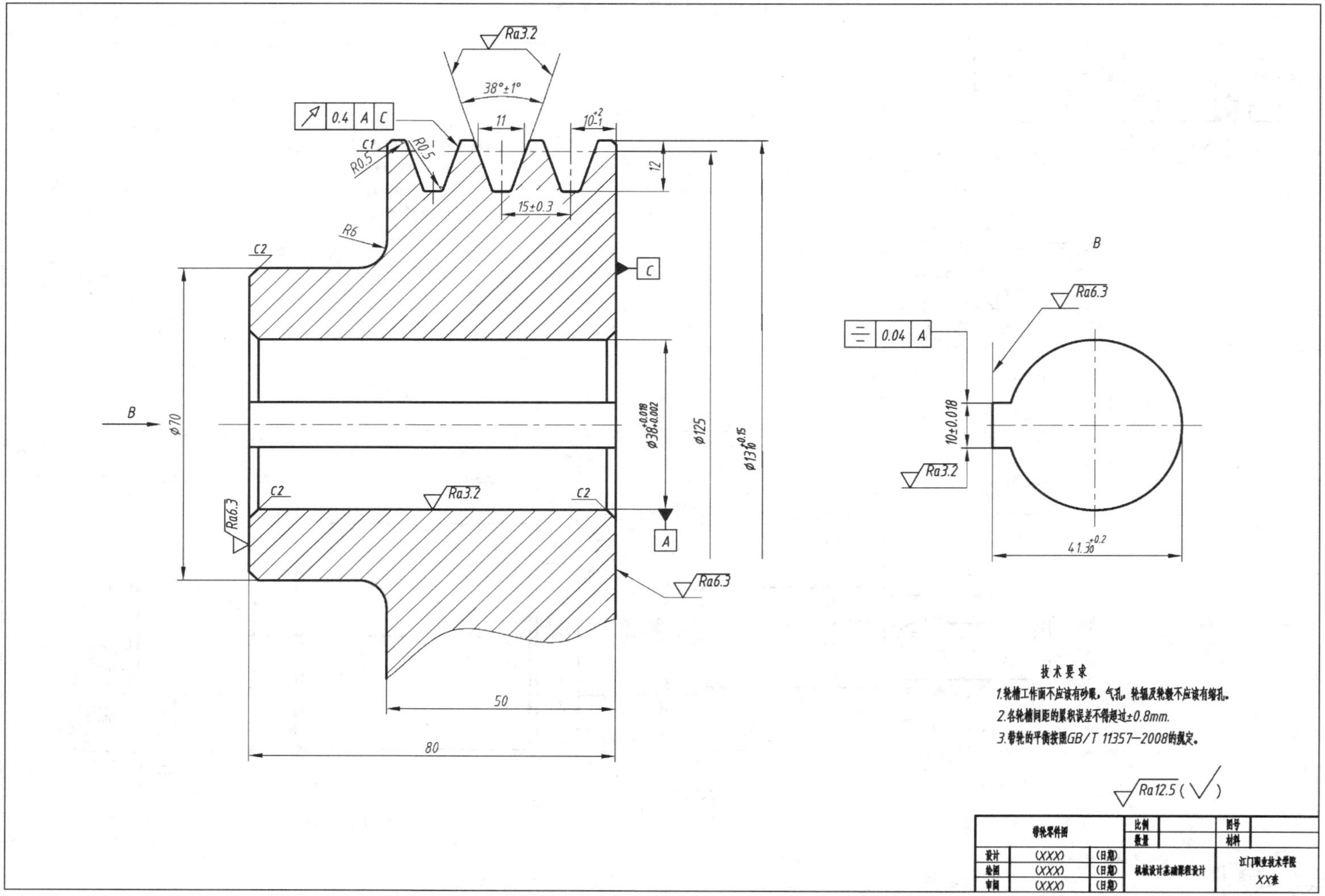

B

B

φ70

φ38$^{+0.018}_{+0.002}$

φ125

φ136$^{+0.15}_{0}$

38°±1°

11

10^{+2}_{-1}

12

15±0.3

C1

R0.5

R0.5

R6

C2

C2

C2

Ra3.2

Ra3.2

Ra6.3

Ra6.3

50

80

↗	0.4	A	C

C

A

Ra6.3

⌯	0.04	A

10±0.018

Ra3.2

41.3$^{+0.2}_{0}$

技术要求

1.轮槽工作面不应该有砂眼，气孔。轮辐及轮毂不应该有缩孔。

2.各轮槽间距的累积误差不得超过±0.8mm.

3.带轮的平衡按照GB/T 11357—2008的规定。

Ra12.5 (√)

带轮零件图			比例		图号	
			数量		材料	
设计	(XXX)	(日期)	机械设计基础课程设计		江门职业技术学院 XX班	
绘图	(XXX)	(日期)				
审阅	(XXX)	(日期)				

图 K-2　普通V带轮零件图

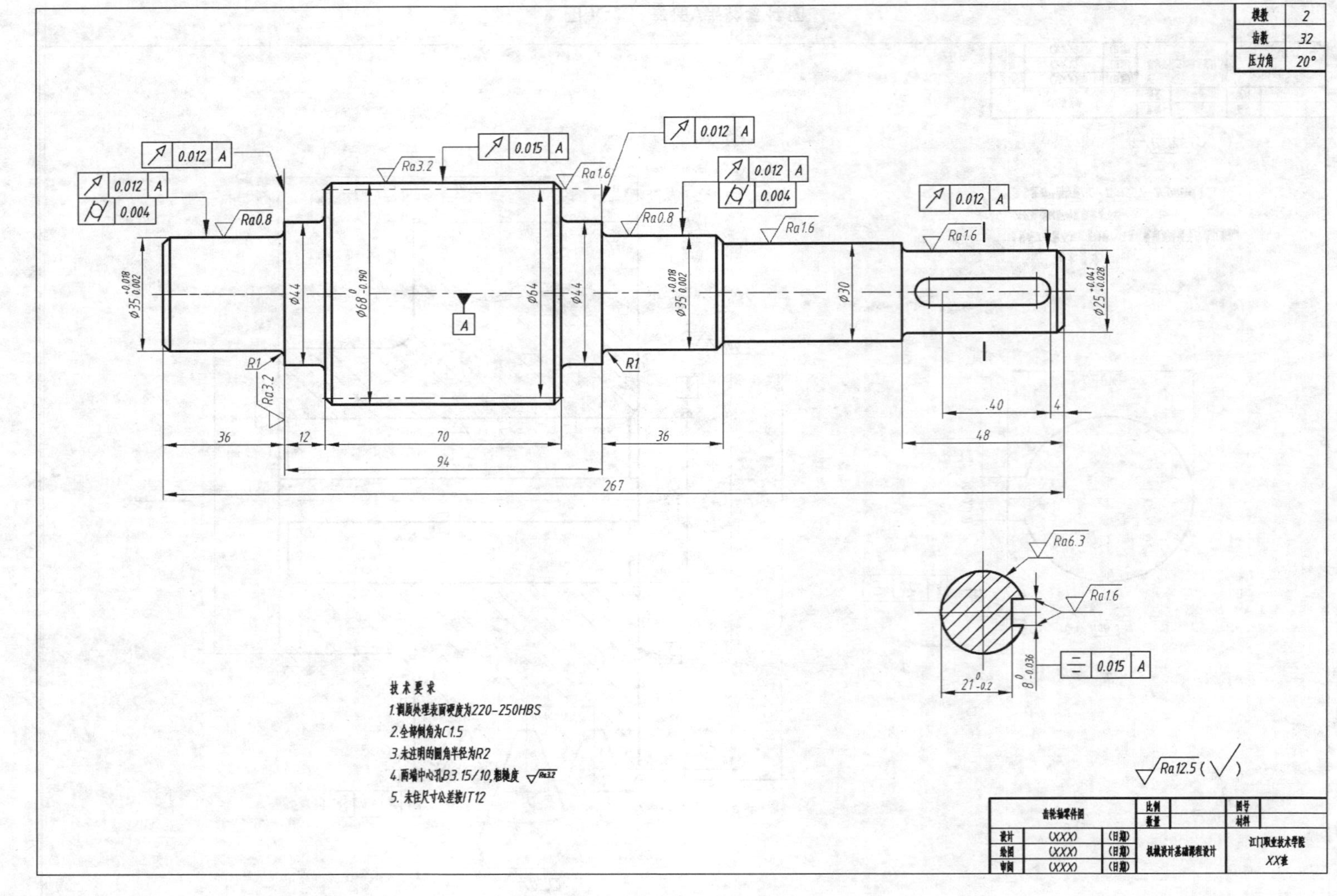
模数 2
齿数 32
压力角 20°
技术要求
1.调质处理表面硬度为220-250HBS
2.全部倒角为C1.5
3.未注明的圆角半径为R2
4.两端中心孔B3.15/10,粗糙度
5. 未注尺寸公差按IT12
Ra12.5 (√)
齿轮轴零件图
设计 (XXX) (日期)
绘图 (XXX) (日期)
审阅 (XXX) (日期)
比例
数量
图号
材料
机械设计基础课程设计
江门职业技术学院
XX班

图 K-3　齿轮轴零件图

参考文献

[1] 张建中,何晓玲.机械设计基础课程设计[M].北京:高等教育出版社,2009.
[2] 张建中.机械设计基础[M].北京:高等教育出版社,2007.
[3] 陈立德.机械设计基础课程设计指导书[M].4版.北京:高等教育出版社,2013.
[4] 成大先.机械设计手册[M].6版.北京:化学工业出版社,2014.
[5] 张松林.最新轴承手册[M].北京:电子工业出版社,2007.
[6] 吴宗泽.机械设计师手册(上册)[M].北京:机械工业出版社,2009.
[7] 吴宗泽.机械设计师手册(下册)[M].北京:机械工业出版社,2009.
[8] 唐金松.简明机械设计手册[M].3版.上海:上海科学技术出版社,2009.